深入核心的敏捷开发

肖 然
张凯峰 编著

Thoughtworks 五大关键实践

清华大学出版社
北京

内容简介

本书介绍了 Thoughtworks 是如何实践敏捷开发的，主题包括测试驱动开发、持续集成、持续交付、全功能团队、需求分析和敏捷转型等。Thoughtworks 经过十多年的实践和沉淀，总结得出一套独特的、切实可行的敏捷软件开发核心原则、核心实践、管理体系和敏捷转型过程。全书共 5 部分 18 章，介绍了什么是合理正确的需求分析方法，如何采纳先进和理性的技术，自适应的团队组织形式是怎样的，如何建立客户价值优先的思维，如何持续改善软件交付方法。与此同时，作者也提到了一些可能遭遇的坑，引导读者参与思考什么是敏捷的实质。

本书面向开发者、敏捷咨询顾问、CIO 和 CTO，可以帮助他们顺利导入和实施敏捷。

图书在版编目(CIP)数据

深入核心的敏捷开发：Thoughtworks 五大关键实践/肖然，张凯峰编著. —北京：清华大学出版社，2019.9(2022.3 重印)

ISBN 978-7-302-53734-2

Ⅰ．①敏…　Ⅱ．①肖…　②张…　Ⅲ．软件开发—项目管理　Ⅳ．①TP311.52

中国版本图书馆 CIP 数据核字(2019)第 189422 号

责任编辑：文开琪
封面设计：李　坤
责任校对：周剑云
责任印制：沈　露
出版发行：清华大学出版社
网　　　址：http://www.tup.com.cn, http://www.wqbook.com
地　　　址：北京清华大学学研大厦 A 座　　　邮　　编：100084
社　总　机：010-83470000　　　　　　　　邮　　购：010-62786544
投稿与读者服务：010-62776969, c-service@tup.tsinghua.edu.cn
质量反馈：010-62772015, zhiliang@tup.tsinghua.edu.cn
印　装　者：北京同文印刷有限责任公司
经　　　销：全国新华书店
开　　　本：178mm×233mm　　　印　张：15.25　　　字　数：333 千字
版　　　次：2019 年 10 月第 1 版　　　　印　次：2022 年 3 月第 2 次印刷
定　　　价：79.00 元

产品编号：085116-01

推荐序1 "大象起舞"，别有一番风景

价值驱动的精益研发转型实录

2019 年 7 月 30 日早上 8:30，深圳南山科技园招行研发大楼，步履匆匆的上班族；8:45，每一层的员工围向各自工作区域的看板，开始每日站会，面对面沟通当天工作。已使用电子看板的开发室组，深圳、杭州、成都三地同事在同一个看板上进行远程即时沟通。9 点左右，站会结束，紧张充实的一天开始了——这是招行信息技术部深、杭、蓉三地 6500 多员工（含外包）每天工作的开始。

从 2015 年看板和敏捷 SCRUM 的引入，到 2019 年 7 月全面规模化精益研发转型，招行经历了四年多的时间。事实上，规模化精益研发转型并没有相对成熟的可参考的案例，尤其对于监管严格的大型银行科技部门，一路走来，可以说一直摸索着前进。值得欣慰的是，招行有一群致力于工程管理、过程改进，有责任心和使命感的 SPI（Software Process Improvement）人，始终紧紧围绕科技的目标及痛点，瞄准"价值""质量""效能"，持续开展前瞻性研究、试点，立足当下，着眼未来，脚踏实地，敢于创新，摸索出一条适合招行的精益研发转型之路，这个过程可谓环环相扣、步步为营，推动招行科技在支持全行业务发展的新时期未雨绸缪、占领先机。这个过程中，招行与 Thoughtworks 咨询事业部精诚合作，共同探索，为转型输入了先进的理念和方法。

与大多数银行科技组织一样，招行的软件工程管理大体分为三个阶段，如下图所示。

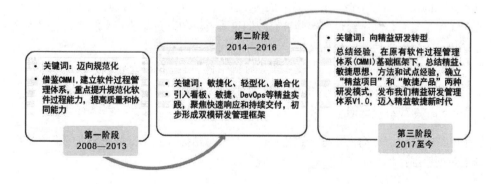

让我们看下几个重要的时间点。

- 2009 年和 2013 年，招行科技分别通过了 CMMI2 级和 3 级的认证，建立了软件过程管理体系，项目开发的过程能力和质量相对稳定，积累了软件工程管理、过程改进等方面经验，尤其培养了招行 IT 人的规范化工程管理素质。
- 2015 年，面对互联网金融的冲击和市场竞争，如何提高需求响应速度和交付速度，如何把有限的 IT 资源投入到更有价值的需求开发中，是摆在科技面前首要解决的痛点。当年，招行与 Thoughtworks 合作，开始在个别相对独立的软件产品上试点敏捷 SCRUM 开发；同年，引入了"看板"在基层开发组织落地，并着手研究和规划 DevOps 流水线建设，积累了一些迭代开发的经验。
- 2016 年下半年，一个问题自然摆在面前，面对业务不断增长的需求及快速交付的呼声，90%的传统开发项目该何去何从？11 月，总结敏捷试点经验，秉承循序渐进的改进原则，确定了双模的"精益研发转型"目标和方向。
- 2017 年初，招行确定了 Fintech 战略，首次提出了"科技敏捷带动业务敏捷"的要求。6 月，敏捷产品模式从几个业务片区做起，逐步形成套路，开始推广到其他片区。着手培养招行内部的精益教练队伍。
- 2018 年 9 月，总结提炼三年多的经验，确定精益研发管理与工程实践集，明确双模的定义及使用场景，创新提出"过程制定选择"机制，正式发布了"价值驱动、质量为先"的"精益研发管理体系 V1.0"，软件工程管理翻开了新的一页。
- 2019 年 3 月，招行科技启动规模化精益研发转型，截至 7 月底，近 60%科技队伍转入精益研发模式，可以预见在不久的将来，招行科技将全面完成精益研发转型。

值得一提的是：招行不但没有放弃、而是继承了原有软件过程管理体系(CMMI)的框架，保留了原有体系中经过多年验证有效的过程及活动，在此基础上总结、吸收了这几年试点的精益、敏捷的理念及核心实践，重构工程与管理实践集，建立新的价值驱动的端到端的软件生命周期，改变原来串行的来料加工式的开发模式，真正形成从产生想法到上线运营数据分析的闭环。研发模式上，明确"精益项目"和"敏捷产品"两种模式，及相对弹性的定制选择机制。这些是招行精益研发管理体系的核心。

思想上统一认识，行动上才有一致的可能，我们总结提炼了"精益研发"的愿景、目标及四项原则：

- **愿景**：打造招行端到端的精益研发管理体系，价值驱动、质量为先，以行业领先的科技能力驱动创新与变革。
- **目标**：更高的产品质量，更快的交付速度，更好的客户满意度，更高的研发效能，建立生机型文化氛围。
- **原则**：价值驱动，质量为先；快速响应，高效执行；尊重信任，紧密协作；持续改进，追求卓越。

精益原则已纳入招行科技组织级的价值观中。其核心是"价值驱动"，这也借鉴了 Thoughtworks "价值驱动的业务创新管理框架"的理念。这四个字不仅仅是指业务价值，也包含 IT 自身的价值衡量，比如如何优化 IT 内部流程，尽可能减少浪费，如何在关键的技术环节强化决策等等。同样，"紧密协作"不仅仅是深化 IT 与业务的融合，IT 内部的开发、测试、运维等等，也需换位思考，紧密协作。

招行始终坚持走演进式而非颠覆性的持续改进之路，注重"体系化、结构化、规范化"，时刻聚焦转型的"愿景和目标"。2017 年，招行 Fintech 战略的落地，也推动了业务部门的思想转变，使 IT 与业务融合走向深入，为精益研发转型提供了有利的条件。

规模化转型落地方面，继续发挥 EPG（Engineering Process Group）工作组牵头作用，从愿景和目标分解出几大专项工作，强化组织级的推进，逐年扎实落地，

- **重构软件过程管理体系及资产库**。战略上，"愿景-目标-原则"，层层分解、保持统一；战术上，"领域-实践-定制选择"，针对每一个跨职能交付团队的痛点和目标，定制选择合适的开发模式和实践（含管理实践和工程实践）。

  从业务（产品）片区入手、相对弹性的定制选择（而非全盘强制执行）、变"要你做"为"我要做"，是招行精益研发管理体系的一项创新。定制重点考虑的因素有：业务战略重点、需求的连续性及特点、软件交付期望、业务架构与系统架构状况、CICD 成熟度、业务方的能力与参与度、资源情况等等，针对性地选择相匹配的研发模式及实践，形成各自特色的实施方案，重点强化业务 IT 紧密协作，真正解决研发过程中的痛点与难点。

  同时，根据产品发展的状态及市场绩效的变化，定期对方案进行适应性检视，并提供研发模式之间的转换及多模的协同机制。

- **全面推行精益看板**。看板是招行最早引入的精益实践，招行一开始就把看

板定位于基层开发室组（<=12 人）的跨组织管理与工程管理的工具（而不仅仅局限于迭代管理），建立了招行看板应用的成熟度模型，全面推广，逐年提升应用能力。推广的前期侧重于组织管理，后期随着精益研发的深入，与新的软件生命周期紧密结合，侧重于工程管理及效果，聚焦资源效率和流动效率，与精益转型形成 1+1>2 的态势。看板的全面推广，在工作透明化、限制在制品、加快工作流动、高效沟通、建立自组织文化氛围、提高基层小组织的活力等方面发挥了重要作用。

2017 年，招行开始着手电子看板的自主开发，截至 2019 年 7 月，已有 2/3 的物理看板迁移到电子看板，在功能上与项目管理、DevOps 流水线、度量分析平台等实现无缝链接，可以说开辟了大规模 IT 组织研发过程数字化的崭新道路，未来也必将是招行精益转型取得更大成效的重要利器之一。

- **建立持续交付的 DevOps 流水线**。工具平台对研发管理来说可谓如虎添翼。DevOps 在招行精益研发体系中占据重要位置，也是规模化精益转型的核心支撑。早在 2015-2016 引入敏捷 SCRUM 的同时，招行即着手研究"DevOps"理论与实践，2017 年形成招行的 DevOps 实施框架和路线图，并提出目标：建立适应招行特点的端到端的持续交付"高速轨道"，更快地交付高质量的软件产品，全面支持精益研发转型。几年来，招行大力投入资源推进工具平台建设，优化整合原有的工具资产，并将精益管理实践和工程实践有机结合，形成工具生态链，为规模化转型提供了强有力的支撑。

- **"精益需求分析"，转型的核心实践，没有之一**。要达成"价值驱动、快速迭代交付"的目标，必然要求在需求侧做好两件事：一是结构化分解业务目标，做好价值分析与决策；二是分解及细化需求，形成 MVP，建立和维护需求动态优先级列表，做好版本规划。这两点是精益需求分析的根本目的，也是研发转型的前提。传统项目开发始终困扰的需求不清晰、需求分解问题（结构化、条目化）、无法排出优先级、需求价值无法衡量和验证等诸多问题，在精益需求分析实践中一一考虑解决。这是个艰巨的任务，但又是 PO 或 BA 必须掌握的能力，唯有迎难而上。

- **内部赋能，能力自建**。2015—2016 年招行与 Thoughtworks 合作引入敏捷Scrum 期间，当时的教练主要以外部为主，2017 年起，招行开始建立内部教练的培养机制，加大内部精益教练（包括管理方向、技术方向）的培养力度，因为我们认识到，面对几千人的规模化精益转型，仅靠外部资源远远不够，培养内部教练队伍，加强能力自建，才能更好做到及时响应、务实有效，也才能走得长远。两年多时间，招行培养了近 100 位的精益教练，开展各项社区、开放日活动，营造精益敏捷文化氛围。不但 QA 队伍全面转型精益教练，各开发团队也逐步培养自己的教练队伍，一方面在转型中辅导内训、反馈问题，发挥布道者作用，另一方面这支队伍在适当时候转身 QA 角色，开展背靠背的审计活动，监督执行过程，自我发现问题，自我持续改进。

- **建立精益研发度量体系**。数据让我们知道现在的能力与目标的差距，了解自己的现状，为管理决策提供依据。度量分析是招行从 CMMI2 级就开始建立的组织级重要能力，多年来招行坚持用数据说话，所谓"来自一线、服务一线"。精益研发转型，也同样从愿景和目标分解出可度量的指标，同时优化度量分析平台，与电子看板等数字化管理工具结合，为项目、团队、组织级提供及时的指标数据，助力转型效果的自我量化分析。

"不忘初心，方得始终"，每年底，EPG 工作组对标精益转型的愿景与目标，组织专题研讨，提出下一年度的目标和具体行动计划，采取"方案-试点-验证-形成规范-发布推广"策略，协同作战，稳步推进。研发模式与实践的定制选择、自我能力建设、自我度量分析、自我回顾改进等，逐步形成良性循环，自驱式的生机文化在招行科技队伍中慢慢生根发芽，也即将蔚然成风。

当前，招行科技又提出"从精益研发到精益组织"的目标，可预见的未来必然是："大象起舞"，别有一番风景——转型，我们仍在路上。

欧红

招商银行总行信息技术部项目办&EPG 负责人

过程改进与管理变革资深专家

2019 年 8 月 19 日，深圳

Thoughtworks 敏捷开发的四大经济价值

15 年前，Thoughtworks 开始在中国技术社区推广敏捷开发理念和实践，由一开始被认为是一小撮离经叛道者的游戏，逐渐生根发芽，被越来越多的实践者所接受。特别是最近几年，商业环境的变化节奏不断加快。科技，特别是软件，正是在这种变化的驱动下开始在业务当中扮演核心角色。这些变化倒逼着企业寻求突破，采用高响应力的软件开发模式，其影响也延伸到了商业的组织模式。

Thoughtworks 不是一家互联网公司，却是一家数字原生的组织。我们一直吸引追求卓越的专业人士，打造学习型的组织，寻求更好的方法应用科技来解决复杂商业问题。更重要的是，我们与一群难能可贵的客户合作。这些客户有的是以互联网模式运营的数字化公司，也有正处于积极转型当中的百年企业。他们的业务和组织差异巨大，但都有个共同点，就是拥有锐意进取、勇于变革的领导团队。Thoughtworks 和这些组织一起，探索适合业务发展的技术和方法，共创科技驱动的数字化组织。在这个过程中，一线团队并不死守教科书式的各大敏捷流派，而是在明确核心原则的基础上，在一线生产的热土中，反省和提炼经验，总结核心实践。本书就是这些实践的生动呈现，并且深入分析了这些实践所处的组织和管理生态，最后以企业实际所经历各个发展阶段的演进案例，以及采样丰富的行业分析，描述了这个领域从微观到宏观的动态。

最近，Forrester 在对大量 Thoughtworks 客户调研之后，撰写了关于总体经济影响（Total Economic Impact）的研究。报告以量化的度量，总结了 Thoughtworks 方法为各种商业组织所带来四个方面的经济价值：

- 通过更快将产品和服务投入市场提升营收
- 通过缩短新客户导流的周期加速营收的产生
- 减少维护遗留系统的成本
- 减少新开发系统的维护成本

但是，要让实践持续发挥上述商业价值，除了需要软件开发团队不断学习，刻意练习，以至于能够娴熟地运用书中的核心实践以外，还需要团队所在公司文化和结构上的配合，也就是要把敏捷理念和方法融入运营的流程、预算和政策，我们称其业务敏捷。

来自一线开发团队的总结让本书的实操性区别于世面上的其它书籍。希望本书能为打算采纳敏捷方法的团队提供有价值的参考，帮助已经起步、正在持续改进的团队提供努力的目标。

张松
Thoughtworks 中国区总经理

致谢

有人说我们 Thoughtworks 是敏捷圈里的黄埔军校，因为我们的团队有过硬的技术背景，能随时随地扛枪上战场；我们也经常为我们的团队和客户感到自豪，我们同在一个高效的价值交付体系下并肩作战，贡献彼此的专业能力和工匠精神。因此，我们在本书中收入他们的思考和实践并在这里再次感谢他们的参与和贡献，他们是肖然、季炜、陈计节、王健、仝键、马丁·福勒、熊子川、杨珊、张久坤、刘尚奇、鄢倩、伍斌、曲正平、刘冉、祺娴静、张硕、冉冉、保罗·卡罗里、李晓波、林冰玉、李光磊、熊节、万学凡、蔡同、张岳、于晓强、胡志芳、张群辉、于洪奎和黄邦伟。

目录

第Ⅲ部分　管理体系

第 Ⅳ 部分　转　　型

第V部分 案　例

Thoughtworks 的敏捷开发

Thoughtworks 的敏捷开发一直是一种神秘的存在。在敏捷开发还没有主流化的年代，为了让外界理解 Thoughtworks 全球团队怎么做敏捷，我们商定了一个 "60% Scrum+40% XP" 的经典答案。当然，其实 Thoughtworks 的敏捷开发既不是 Scrum，也不是 XP。

造成这个状态的原因，一方面是行业特点，软件开发还是一个充满不确定性的手工行业，方法套路当然应因人而异；另一方面作为一个提倡端到端软件交付的组织，敏捷开发本身并不能解决我们所有的问题。基于这两点，我们都不是特别愿意主动总结 Thoughtworks 的敏捷方法，换言之，"标准化"就不在我们的基因库里。

标准化的初衷

那么，为什么这个时间点我们要来谈这件事情呢？从我个人角度来说对内对外都到了必须总结的时间点。在文章"忘记'规模化敏捷'"[1]中，我批判了市场上的所谓规模化敏捷框架，如空中楼阁，概念打包。但这样的现象确实也表明敏捷开发已经进入大规模采用阶段，一定的标准化是大势所趋。

Thoughtworks 快二十年的敏捷开发实战经验不总结给更广大的社区，我个人感觉是不负责任的。对内，自我加入以来，Thoughtworks 中国已经从北京东西两处每天两趟即

---

[1] 请访问 Thoughtworks 洞见公众号同名文章。

可招呼到所有人,变成全国六地 1200 多人的数字化服务公司。每年还有很多人为着敏捷慕名加入 Thoughtworks,而我能给新员工分享一点敏捷开发实践的机会可能一年一次都难了。

留在 Thoughtworks 的一个重要原因就是差异永远大于共识,在这样的环境里总结,没实战经验保底肯定是会被鄙视的。加入 Thoughtworks 后,从最初的开发到近十年的 Thoughtworks 生涯里,我做过敏捷开发里除了测试以外的所有角色,如果把咨询的部分经验算成敏捷教练,结合最近在努力的 UX 方向,给了我足够全面的视角来审视 Thoughtworks 的敏捷开发。在中国区持续最长时间的离岸敏捷交付团队近 4 年的经历和敏捷咨询 8 年的经历也应该让我有一定的经验支撑来谈这个话题。

标准化的范围

即使有经验,也只能聚焦于"开发",而不是"Thoughtworks 敏捷"。针对市场探索和产品创新的方法仍然存在根本性认知上的不同,数字化时代的不确定性又让此刻去更大范围标准化的想法不切实际。但我认为敏捷开发(即从开发团队启动交付到持续迭代运行)已经为我们应对市场不确定性和构建高响应力组织提供了基石,让我们能够在数字化时代将整个软件开发逐渐改进为真正的价值和成效驱动,而不仅仅是快速交付了一堆不知道有用没用的特性。

在下面的总结过程中,有两个"技术处理"希望大家理解。

第一,软件开发手工业的属性造成了不同的团队成熟度显然是不同的,总结的 Thoughtworks 敏捷开发实践并非所有团队都能够做到,但我强调的一点是所有团队都认同这些实践是有价值的,可能出于某种外部约束做不了,比如部门墙造成业务人员无法参与。

第二,尽量不引入 Thoughtworks 自己的"黑话",跟 Scrum、Kanban 和 XP 这些经典框架相似的实践,保持命名一致,毕竟标准化的作用之一是对外推广。

换上咨询顾问的帽子,Thoughtworks 敏捷开发方法应该是现在市面上实践过程中最接近敏捷宣言价值主张的实战。当然,距离理想的价值和成效驱动的精益模式仍然有相当的距离,面临的挑战和困难可能不是敏捷开发能够解决的,但这些问题现在却反过来压迫正确的敏捷开发方法,造成不少团队越来越多的困惑。当一个有追求的开发团队需要持续去解释 TDD 和结对编程不会降低效率时,技术卓越的追求会被逐步消磨掉。

此外，因为我们作为一个全球化公司，以及员工工作环境的多样性，我们在行文中有中英文夹叙的描述，比如在第 5 章讲到 GitFlow 的时候，我们常用"merge……"这样的描述，相信读者也和我们一样，在实际工作场景中也会经常采用类似更有表达能力的措辞。如果有不适，请告诉我们，我们一起创造一个更接地气的阅读体验.

Thoughtworks 敏捷开发核心原则

铺垫很长，希望尽可能在讨论范围上保持客观，现在让我们一起来看看 Thoughtworks 敏捷开发模式。

为了帮助大家理解，我尝试从软件开发实践和管理体系两个维度去解释。先列举一下核心实践，然后从软件开发的几条管理主线帮助大家串联一下这台看似松散，实则精密的机器。这里要再次提醒大家我们讨论的范围仅仅是开发段，所列实践也不会特别关注团队文化建设。

在展开具体实践前，首先要明确 Thoughtworks 敏捷开发的核心原则：价值驱动与技术卓越。

这两个四字短语在 Thoughtworks 这个开发系统里有着不可撼动的地位。毕业刚加入的热血青年质问项目经理一个 Story(故事)的价值何在？Angular 和 React 谁更全面？这样的讨论在内部是受到鼓励的。

这两个核心原则甚至上升到了价值观的层面，于是我们认为好的客户一定能够"耐心"跟团队辩论价值，而让团队"听我的"业务人员基本只能维持在一个商务上的甲方。如果开发团队某晚上努力把 Angular 换成 React，管理者(甚至客户)也被要求在强调风险管理的基础上肯定团队为追求技术卓越而付出的努力。

这对管理人员来说近乎是残忍的，这也是为什么 Thoughtworks 在 2010 年左右经历了一批外聘 PM 的离职。虽然现在我们创造出了很大 PM 管理空间，但值得警惕的是如果没有那些"恼人"的价值问题和技术上的一点偏执，Thoughtworks 敏捷开发模式很可能就不存在了。

Thoughtworks 敏捷开发核心实践

在核心原则下，Thoughtworks 不同团队实践非常多，想要找到万变不离其宗的骨干其实挺困难的。记得当年有一家保险公司 CIO 带队来参观，看完早站会后直言不讳地说没有看懂一个 50 人的团队在干啥，只看到不同人群在自由组合。于是我花了一个早晨来专门解释一小时过程背后的"隐次序"。

↑ 一个现场团队的早站会

↑ 一个离岸团队的现场

既然是核心实践，就从一个最小集开始，如果减掉我就认为不再是 Thoughtworks 的敏捷开发模式。当然，由于 Thoughtworks 开发团队更多做的是互联网软件的开发，这个实践集并不一定适用于类似嵌入式设备和合规系统的软件开发。以下是我认为的集合，欢迎大家一起研讨！

1. 基于统一迭代节奏的全功能团队

刚加入 Thoughtworks 的时候认识到开发团队除了开发和测试(当然这里我们认为是QA)外，还有 BA(业务分析师)。10 年前这个角色在和任何客户合作的时候还需要解释，现在大家都已经在开始谈论 UX 和 DevOps 了。全功能团队这个实践本身并非是说要固定哪些角色在开发团队，而是强调为了交付软件所需要的技能都应该在一个团队里。在不远的将来，我们可能会讨论数据科学家的融入问题。

这个实践还要强调"统一迭代节奏"，要求团队各个角色同步协作，而不是每个角色自己迭代。我看见过很多伪的全功能团队，一个迭代开发完的 Story(故事)由 QA 下一个迭代测试。

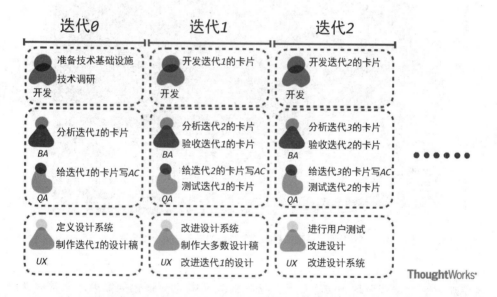

⬆ 全功能团队跨职能协作示意，一个典型团队包含 BA、Dev、QA 和 UX

2. 基于 Story 的需求及范围实时管理

Story 是开发团队的最小工作单元，由于价值驱动的原则，Story 的 INVEST 原则是各个角色广泛认可的。如果哪个角色(包含业务)看不懂一个 Story，那么大家会认为Story 本身有问题。

Thoughtworks 敏捷开发不对 Story 进行更技术的 Task(任务)拆分，这样做保证了大家都关注 Story 承载的业务价值，当然这需要技术能力上的"全栈"文化支持，即大家以能够同时做多个技术栈为荣。

运行成熟的 Thoughtworks 开发团队有任务拆分这个环节，形式可能是全队在迭代启动会上针对复杂的 Story 进行"实现预演"，也可能是资深开发人员在自己显示器上贴出的彩色纸条，每张纸条承载着一个技术动作。小虫和晶晶是我见过把这种 Tasking 深入工作骨髓的人，他们基于这种任务拆分模式的神一般的结对让人终生难忘，我感到很幸运！

↑ 开发人员贴在显示器前彩色的任务拆分小纸条

虽然有整体项目的 Backlog，但 Story 一般是迭代澄清，为了保证统一迭代，BA 一般只会提前一个迭代梳理下一个迭代(类似 Scrum 中的 Sprint)的需求。非常成熟的 Thoughtworks 开发团队在这个过程中能够让客户或业务负责人持续迭代参与 Story 澄清，并能够持续调整 Story 优先级。

国内由于固定合同项目较多，很多需求澄清发生更早，但实际上很多人不理解保持一定并发性，正是驾驭软件不确定性的关键。"实时性"是精益 JIT(Just In Time)思想能够起作用的核心机制。

范围管理上由于这样的 Story 迭代机制，基本也需要实时，常用的工具是燃起图

(Burn-Up)和累积流量图(CFD 来源于 Kanban)。Scrum 的燃尽图并不推荐,原因是很容易营造一种遵循计划的假象。对于客户/业务和项目管理者,从燃起图能够看到实时需求范围的变化,按期交付风险也能够实时推测。累计流量图在成熟团队广泛应用,它能够直观告诉开发团队瓶颈在哪里,驱动改进。能够收集累计流量图所需的数据,本身也说明团队具备了一定的成熟度。

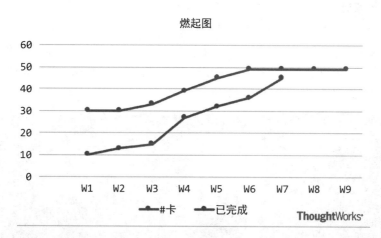

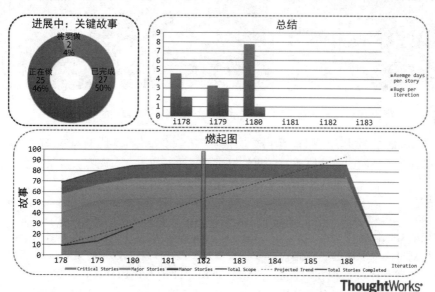

⬆ 燃起图,上面部分为一个最简单的统计展现,仅包含已完成和总共的 Story 个数。下面部分是一个相对长期和复杂的产品,针对 Story 进行了类型划分的管理。注意这里的"完成",包含 Story 的分析、开发和测试,甚至一些团队 Story DoD 中要求上线。制造过程中的 Story 都没有完成行业里目前很关心这方面的电子化平台，Thoughtworks 由于历史原因，用各种平台都有，目前最多的是 Jira、Mingle 和 Rally。但实际上这些平台主要还是为了方便离岸敏捷交付团队，本地的交付团队很多是物理墙+Excel(或 Trello)。Story 本身不作为审计和追责记录，真正交付的是线上工作的软件。

3. 基于持续集成和测试前置的质量内建

持续集成是敏捷实践中最广泛共识的技术实践(没有之一)。Thoughtworks 对持续集成的重视可以从历史经典的开源 CruiseControl 窥见一斑。由于大显示器的普及和 CI 展示看板的美化，现在各个团队基本都采用一个显示器展示 CI 的实时构建情况，但历史上还有很多类似警报灯这样的创意。

↑ 为一个典型的团队 CI 看板展示　　　　　↑ 看板一般所在的团队位置

Thoughtworks 持续集成纪律有两个核心：第一是必须每次提交触发构建；第二是每次提交必须基于上次的成功构建。这两条纪律是底线。如果有人说哪个团队 CI 红着没有修复，基本就等于说这个团队没有干活儿，因为理论上对着失败的构建提交代码是无效的。

持续集成对代码管理的要求是主干开发，这是 Thoughtworks 开发团队的默认模式。去年和刘冉、覃宇通过《代码管理核心技术及实践》一书阐述了行业内流行的分支开发模式实践和工具，但在 Thoughtworks 内部，即使对使用比较广泛的 GitFlow 模式，也是持负面意见居多。显然，主干开发的代码管理成本是最低的，但同时也引入了较高的代码实践能力和协同纪律的要求。

持续集成已经是软件开发过程中质量内建的经典实践，在这个基础上 Thoughtworks

开发团队有共识的是测试前置，落地过程中有两个经典方法，即开发的 TDD 和提前验收(提前验收或叫 Shoulder Check)。

TDD 不用在这里多讲了，每年总会有一两次争论，第二个 D 指的是 Driven，即驱动，永远是大家争论的焦点，但先写单元测试是 Thoughtworks 程序员基本素养。代码走查形式多样，但成熟团队一般都从单元测试开始，如果你跟骨灰级程序员新老头走查，他的第一句会是"给我看看你的测试。"

提前验收操作起来是比较容易的，即开发人员完成 Story 后，在最后提交前邀请 BA 和 QA 快速在开发机上做展示。这样做的好处是尽量避免 Story 被移动到后期测试或客户验收的时候，才发现需求实现有问题，从而导致返工和浪费。由于这个预验收时间很快，所以有些团队说是"站在肩膀后面"检查。当然这个不是机械的规定，简单 Story 也不一定要做提前验收。

↑ 提前验收现场，Story 开发人员快速讲解实现，现场客户也有可能参加到 Story 验收交流中

Thoughtworks 敏捷开发对回归测试考虑不多，质量内建意味着不希望最后靠测试把质量关，相比之下，大家对代码走查和结对编程这些开发过程中的质量实践更看重，但这些实践的频繁运用在很多团队都受到了成本的约束，并非普遍。关于分层的自动化测试也是一个质量保障的核心话题，但随着技术的进步，认知在逐步清晰，我个人认为还不能说是非常成熟的基础方法。

⬆ 一个团队的代码集体走查现场

⬆ 开发人员的结对开发，往往会达到 1+1>2 的效率增长

4. 基于效能和周期时间的持续改进

持续改进是每个团队必须做的，Retro(回顾会议，全称 Retrospective)是基本形式，回顾的内容很多，从交付质量、实践到团队氛围。但实质上最基本的改进还是围绕 Velocity(即迭代交付的 Story 点数)和 Cycle Time(交付时间)。这里的 Cycle Time 还称不上"端到端"，原因是很多团队前期的产品梳理和后期的用户验收还是遵循客户合作节奏，比如 2 个月一次上线。当然原则上共识的是，每次持续集成构建出来的版本都应该是可发布的。

Velocity 是一个很有争议的话题，这个速率理论上只服务于项目管理，即目前规划和实际情况是否出现偏差，是否需要进行风险管理，调整项目范围等。

Thoughtworks 敏捷开发模式坚决反对把效能(Velocity)作为交付 KPI，即不作为迭代内的开发合同。假设合作上不存在信任问题，还是有一个无法回避的预测问题，如果效能(Velocity)和计划的偏差很大，那么实际的调整成本较高。当然这是一个行业问题，在"大规模手工打造"这个行业现状没有改观之前，最好还是能够坦诚开发过程中遇到的问题和变数。

Cycle Time(周期时间)是从需求进入开发团队，到制造出可工作软件的速度。理论上当然是越快越好，Kanban 告诉我们流速快的团队效率高、响应力快。如果不注意 Cycle Time 而去"改进"(Velocity)，很可能造成更多的 WIP(Kanban 引入的"在制品"概念)堆积在迭代内，最后大家赶工埋下质量隐患，得不偿失。我们可以看到，在 Thoughtworks 两个百人以上规模的大型团队合用中，都强调团队集体学习 Kanban 实践。

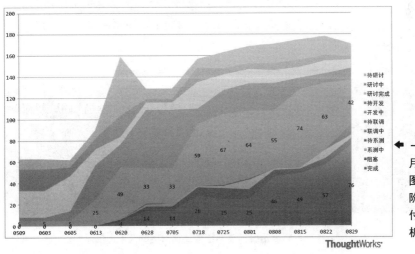

一个团队三个半月的累计流量图，体现了某个阶段的 WIP 和交付周期时间并分析潜在的问题

5. 基于客户深度参与的统一团队

从 Thoughtworks 历史的交付项目上来看，能够建立互信、持久的合作关系(三年以上)的客户基本都深度参与了迭代开发过程。中国区历史最长，合作规模最大的三个交付项目都是客户团队和开发团队完全整合的。

客户参加迭代内站会、展示会和回顾会是 Thoughtworks 敏捷开发提出的要求。即使在通讯手段相对落后的七八年前，离岸的客户也是几乎每天和开发团队通过电话进行"站会"。这样做的好处不言而喻，大家都能够体会到这种模式下快速建立的信任关系。当然客户和开发团队都有很多其他工作要做，所以这样的协作模式就要求控制每种会议的时间。一些比较普遍的原则如下：

- 迭代站会不超过 15 分钟
- 需求澄清每次不超过一个小时
- 展示会一个小时以内
- 回顾会不超过两小时

虽然如此，这样的模式对客户时间要求依然很高。在咨询其他 IT 组织的过程中，相关业务人员(即开发团队客户)往往会有畏难情绪。但其实只要时间盒控制好，建立这样的协作节奏后，总投入时间是下降的。看似集中方式的合作模式，比如每个月 1 天时间需求梳理，其实根本没有办法杜绝后续实现过程中发现的细节问题。而到了迭代验收时才说出的"这不是我想要的"，更是巨大浪费的源头。

对比 Scrum 的经典四会，Thoughtworks 敏捷开发和最后的 Review(评审会，Sprint Review Meeting)的差异相对较大。开发团队更希望是针对实现的业务场景进行展示，所以会议的名字也变成了 Showcase(展示会)。当然，不少团队也会评审迭代的产出，有相关的迭代进展报告。

↑ 一大型离岸合作客户将展示会扩展到整个公司月度的跨产品展示

不少和国内客户合作的开发团队有相对更重一些的迭代总结材料，会占用 PM 不少的时间。这点需要警惕，面向价值的原则意味着整个团队，包含客户，都应该更多去思考迭代实现的业务，而不是关注迭代大家的工作量。后者应该是开发团队自己去持续考量和改进。

Thoughtworks 敏捷开发管理体系

做了多年的组织转型咨询，如果约束到软件开发领域，管理体系(暂且认为文化部分属于领导力)基本就是以下四个方面。

- 需求管理：包含从需求澄清到需求最终实现的整个生命周期。
- 技术管理：包含开发、测试技术的选择和运用。
- 质量管理：包含开发过程中的质量管理及软件交付前的质量保障。
- 迭代管理：包含开发团队迭代运作规则及纪律。

显然 Thoughtworks 敏捷开发需求管理是围绕 Story 展开，其核心是能够支持小批量、小批次的精益模式，同时还要能够尽量保证每个 Story 业务价值明确。《敏捷软件开发：用户故事实战》这本书可能是 Thoughtworks 内部没有任何负面评价的实践级著作了。近十年时间里，大家颇有微词的地方可能是书中对故事大小评估的描述，但 INVEST 原则的抽象可为神来之笔。

Story 作为需求的管理方法，所有的技术、质量和迭代管理其实都是围绕这个中心，毕竟最后开发目的是实现价值，而 Story 承载着业务价值。顺便提一句，Story 的质量其实是一个核心问题，Thoughtworks 从来不提倡一句话 Story 描述，即仅仅表面上遵循了 As…I want…So that 的经典模式，验收条件对于一个 Story 来说至关重要。

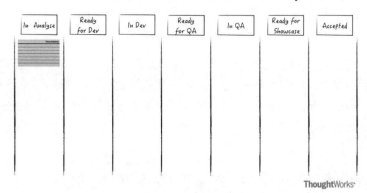

↑ 基础的 Story 迭代看板设计，黄色卡片上写着 Story 的基本信息

值得一提的是围绕 Story 的可视化系统，每个团队都会有一面类似下图的迭代看板，看板上流动的是迭代内的 Story，而 Story 的生命周期则通过顺序的泳道展现给团队所有人。

⬆ 一个团队的 Story 看板，每个团队都有自己的内部流程设计，所以各团队的看板泳道设计也不同

技术和质量管理的核心仍然是前文提到的质量内建。持续集成和自动化测试实际上都将质量管理融入到了技术工程体系里。在 Thoughtworks 敏捷开发体系里，很难将技术管理和质量管理分开，重过程质量是这个管理体系的精髓，由此也在 2012 年演进为"持续交付"的概念。

由于是全功能团队，并工作在统一节奏下，所以迭代管理的范围中，除了类似 Scrum 四会协作仪式机制，其余硬性纪律较少。为了保证(成果和问题)"集体所有"(Collective Ownership)，Thoughtworks 敏捷开发实践方面特别注意不会聚焦到个体，比如我们说到的 Story 估点和 Velocity 统计都是团队为单位，不会指定或统计到个人。

迭代过程中的缺陷也不会追溯到某个特定开发人员。唯一产生个体比较和竞争的可能是在技术卓越原则下的比拼，比如作为 TL，至少你写出的代码应该是让团队其他成员赏心悦目。

虽然这里不谈文化，但还是必须强调这样的管理模式本质上是将"价值驱动、技术卓越"上升到文化价值观层面作为支撑才得以实现的。即便经常拿尚奇口中的 tech@core 开玩笑，但实质上这是 Thoughtworks 敏捷开发模式能够工作的重要底座。也是为什么很多其他团队感觉 Thoughtworks 这种管理模式不可行的核心症结。

行文至此，问一句，这些与你感受和认知的 Thoughtworks 敏捷开发差异大吗？-：)

关于本书的其他说明

其一是我们的行文风格。在某些地方，我们使用了中英文混杂的描述，这个可能会被如前所述，本书取材于与 Thoughtworks 诸多同事多年以来的实践，因而在描述过程中，基本上也体现了实际场景下的交流，这种表述在有些情况下可能被外行人疑似为散装英语，但如果你身处快节奏的互联网开发环境，就会明白沟通的真正含义是"讲的话彼此都能听懂，从而达成共识，迅速采取有效的行动"，而不是为了单纯追求规范而陷入"邯郸学步"的尴尬境地。

其二是文中提及一些参考的文章，因为纸版印刷的限制，考虑到超链接可能引发的阅读不适，所以未作保留，有兴趣的读者可以自行从网络或者 Thoughtworks 洞见网站（https://insights.thoughtworks.cn）搜到对应的内容。

最后，让我们互通有无，期待大家的反馈！

第 I 部分　核 心 原 则

第 1 章

敏捷宣言到底有几句

"嗨，A 同学，敏捷宣言有几句？"

"4 句呀，分别是个体和互动……"

如果你的答案和 A 同学一样，也认为是 4 句，那么请你继续往下读，相信会对你有所帮助。

如果你的答案和 A 同学不一样，认为不是 4 句或者不知道，那么可以选择性阅读，它不一定对你有所帮助。：)

为什么写此文

当我还是一名敏捷实践的试行者，接触到的第一个信息就是敏捷宣言(非 4 句)，虽然不能完全领悟，但当时的教练让我把它熟记于心，说这个就是敏捷。我想：我终于知道敏捷了。

当我还是敏捷教练时，向大家介绍敏捷，问都有谁知道敏捷宣言的时候，有部分同学举手，他们的答案和 A 同学一样。我想这下可有的喷了。

现在我是敏捷咨询师，接触到一些企业内部的敏捷实践者，问他们同样的问题，他们的答案也和 A 同学一样。我想："这下你该请我们做咨询了。"

就在前不久，我听了一些敏捷培训，讲师提到敏捷宣言的时候，竟然也都介绍 4 句敏捷宣言，之后我饶有兴趣地百度了"敏捷宣言"的关键字，也询问了周围的敏捷实践者，得到的答复是敏捷宣言就是 4 句呀，大家都知道的……我忽然意识到此事的严重性，我是时候分享给大家了！

敏捷宣言到底有几句

让我们来看一下原版的敏捷宣言。以下是官方的翻译：

敏捷软件开发宣言

我们一直在实践中探寻更好的软件开发方法，身体力行的
同时也帮助他人。由此我们建立了如下价值观：

个体和互动 高于 流程和工具

工作的软件 高于 详尽的文档

客户合作 高于 合同谈判

响应变化 高于 遵循计划

也就是说，尽管右项有其价值，我们更重视左项的价值。

数一数有几句？6 句。这里并不想纠结于数字，你也许会说敏捷宣言中有 4 句价值
观，这似乎也没错，但问题是你了解其余 2 句吗？敏捷宣言流传至今，我们心中似乎
只记住了那 4 句，其余的 2 句被我们天然屏蔽了，甚至我们还一直在做"敏捷宣言只
有 4 句"这样的知识传递！难道那两句不重要吗？答案肯定是否定的(不重要为什么
要写在宣言里……)，两句的偏差带给我们的是敏捷转型方向上的错误。让我们来看
一下这两句告诉我们了一些什么。

**我们一直在实践中探寻更好的软件开发方法，身体力行的同时也帮助他人。
由此我们建立了如下价值观。**

通过这句我们了解到敏捷宣言是通过不断实践总结出的价值观。价值观不是具体详细
的目标及实践，它是在我们心里的一种根深蒂固的思维取向，它会影响我们做出的每
一件事情。所以有团队会说，我们现在已经敏捷了，因为我们做了迭代开发，这种单纯
的实践=敏捷是不成立的，我们需要多维度了解团队的价值观是否符合敏捷的价值观。

虽然右项也具有价值，但我们认为左项具有更大的价值。

这句是敏捷宣言里最重要的一句话。如果你丢了第一句，说宣言有 5 句，这个还可以
原谅。但如果你丢了这一句，那绝对是个错误！在做敏捷转型的过程中常遇到这样的

现象："敏捷说了不需要文档，太好了，我们以后就不用写文档了！""敏捷说了不需要计划，我为什么要给你计划？！"这样实施的后果可想而知，这样的案例比比皆是，这就是敏捷转型方向上的错误。

为什么会有这样的错误呢？原因就是忽视了宣言中的最后一句话。宣言的价值观中英文用了 over 中文翻译是"高于"，A 高于 B，多数人的理解就是 A 比 B 好，那么为了敏捷转型我们就只用 A 舍弃 B，这似乎是字面上的正常的理解，但这不是宣言中要表达的意思。想必当初 17 位大牛早已预见了这样问题，他们用最后这句强调，给大家正确的引导。告诉大家宣言中的价值观不能理解为取 A 舍 B 这样的二分。敏捷的价值观是承认右项是有价值的，不过我们要更重视左项的价值，这不是二分！当初软件开发在不断发展的过程中，大家越来越重视右项的价值，这时敏捷站了出来，提出在这个过程中我们要更加重视左项的价值，它并不是让我们要放弃右项实施左项。

在我们实际做敏捷转型的过程中，左右两项通常情况下也是共存的，不过我们更重视左项。例如你在帮一个团队在做敏捷转型，你发现产品把需求都录入系统中，告诉大家他的任务已经完成，之后研发按照系统中录入的需求进行研发，期间他们无任何沟通。这时你应该做的是加强他们之间的互动，例如让产品给研发对着系统的需求讲一遍，研发在过程中发现问题立刻和产品沟通，不过度依赖于系统中的描述等，你不能认为宣言里说了互动比工具更重要，就让他们停止使用系统只靠互动，这样团队会"手忙脚乱"，就算团队勉强坚持下来了(且不说效果好坏)，最后你会发现数据统计的工作如果没有工具，对团队来说就是一场噩梦。这样的例子还有很多。

结语

作为敏捷实践者、教练甚至咨询师，敏捷宣言作为基础，我们不能"断章取义"只记住那 4 句，甚至还在做只有 4 句这样的知识传递，我们需要把敏捷宣言中的 6 句话都"掰开了，揉碎了"去理解，尤其是最后一句，给自己和别人树立正确的敏捷价值观。所以敏捷宣言到底有几句？6 句，一句都不能少！

最后我想到两句话："天才就是 99%的汗水+1%的灵感"和"知识就是力量"，这两句作为名言警句流传至今，但如果你只记住了这两句，恐怕无法正确理解爱迪生和培根当时想要表达的意思，因为它们都有后半句 :)

PS: 感谢我刚接触敏捷时候的教练对我的正确引导。他之前也是 Thoughtworks 的咨询师。

第 2 章

开发人员的客户思维

都说产品与开发之间的矛盾由来已久。在很多互联网企业，都发生过类似这样的一幕：

工程师夜以继日，终于在约定的时间里交付产品，虽然这在产品经理看来可能还只算得上是一个高保真的原型。产品经理体验了这个原型之后，发现一些与期待不符的地方，提出了改进意见。工程师带着泛起充满自信的笑容，再次进入了封闭的开发阶段。

类似这样的过程持续往复，开发工程师和产品经理对对方的耐心都会受到挑战：

产品：新的方案也就是改了一种排列方式，数据都是一样的，再花点时间不就能搞定了么？

开发：你知道上次那个推荐算法我花了多久才做出来的么？你说改就改？

产品：可我已经跟老板回复了，说咱们三天就能搞定！

开发：……

在互联网企业里，开发人员作为产品的直接生产者，地位高，有优越感，工程师作为"创客"所具有的自豪感及自信心也理所应当。直到随着项目的持续，业务越来越复杂，工程师终于不能在期待的时间里顺利交付功能，即使加班加点已经在不知不觉中成为习惯。

开发人员与客户思维

在大量的团队里，大家表面看似和气，合作愉快，实际却危机四伏。问题的原因可能很复杂，而从开发人员的角度来说，一个很重要的因素在于开发人员普遍缺乏客户思维。

⬆ 和而不"和"

这样的开发人员也能交付能够工作的产品，但从产品设计人员的角度来说，要么他们交付的产品在细节上与需求有较大出入(或多，或少，或错)，要么就是花费大量时间，却没人知道他们在做什么，也无法估计一项需求到底需要多久才能开发完成。

开发人员大多有相似的特性，他们擅长解决问题，却不擅长与人沟通。甚至一些人还有"技术至上"的自负心理，认为测试人员和业务分析师等其他角色可有可无。这或许与他们理工科的成长背景有一定的关系。"因为、所以、得证"，这是数学里常见的论证步骤，理工科的同学们擅长运用已有命题推理出一个个新的命题，这一特点在软件开发人员这里有着很好的体现。那些曾在算法练习中用过的代码片断就像一段段积木，当产品设计人员提出一个想法，开发人员就心生一计："这事儿没问题！"似乎，接下来就缺时间了。

↑ "赶时间"的多重含义

事实却不会那么简单。一个需求的提出，必然有其商业上的考量，其所在的业务场景、适用的范围和限制以及要实现的可度量目标。在实现过程中，还需要考虑不同的解决方案、各个方案中可能存在的风险以及需要投入的成本。在团队中，只有所有人都对业务有一致的理解，所有的努力都朝着一致的方向，才有可能获得成功。

有客户思维的开发人员，能够把工作当作为客户提供服务：自己是服务提供方，而同事和老板就是客户。他们积极地从客户角度思考需求的真正来源，在开发过程中与客户保持沟通，适时给出合理的建议。最终在更高效完成工作的同时，建立更顺畅的协作机制，培养出更健康友好的团队关系。客户思维也能够培养开发人员转变视角的习惯和能力，令其习惯于分析价值并作出决策，既而为职业和事业的发展带来更多可能。

思考并沟通

当接到一个新的需求，无论是初次提及，还是后续反馈，首先要思考的是为什么会有这个需求产生，它解决了什么问题，提供了什么价值。虽然开发人员很聪明，却很容易忽略这样一个其实很简单的部分。大部分开发人员的思维方式真的就如同数学证明那样，习惯于接受指令并醉心于实现一些看起来很酷的功能。

⬆ 炫酷的功能

然而，如果一开始不弄清楚需求的前因后果，就会出现在做了一半甚至完成了之后，才发现最终得到了一个与设计人员的期待并不符合的产品。其他情况，由于开发团队内部理解不一致导致接口不兼容、由于前期没有沟通清楚而导致返工浪费等情况更是数不胜数。

举一个实际发生过的例子。

作为一个基于浏览器来管理的电商网站运营方，产品经理希望管理员能够在浏览器中即时收到网站用户下的新订单，而不再需要隔一段时间去刷新浏览器，以便做好发货准备。

在拿到这样的需求之后，工程师很兴奋。他开始着手研究服务器推送的各种技术，并深陷其中不可自拔，学习了长轮循和 WebSocket 等技术。三天过去了，他终于成功地完成了相关开发工作，急切地找产品经理要演示其进展。没想到，产品经理却并不买账，没等工程师演示，就黑着脸向他回复："这三天里，我两次向你询问进展，你都说'快了'。可我一直没见什么动静。后来，我已经请旁边的阿哲搞定了，他只花了一小时！"

那又怎样?!!

↑ "心里苦不苦？！"

工程师转向阿哲，却发现阿哲用了一个每隔 5 秒向服务器再取一次数据的"笨方法"。工程师感到委屈不已"心里苦"，向产品经理解释自己的方案比阿哲的方案更有效率，也更先进……

在这个例子里，工程师自认为的高效和先进似乎并不是产品经理所关心的。产品经理作为功能设计者，自然更关心其功能价值，而不是技术方法是否先进。另外，对需求里的"即时收到新订单消息"里"即时"的理解，工程师一开始就将自己的臆测加了进去。

不妨考虑一下，需求的价值是使管理员更早知道新订单到来，但这个"即时性"要求有多高呢？显然没有达到秒级，大概，分钟级也是能接受的，毕竟之前管理员是手动刷新浏览器去完成这个需求的，这说明新订单并没有频繁到需要秒级通知。因此，不管是工程师提前想到了这个结论，还是与产品经理及时沟通了自己的技术方案计划，都可以提早防止浪费。

↑ 提早沟通，防止浪费

在工作中，如果只将产品经理视为规则制定者，将领导视为发号施令的老板，我们便会失去思考的机会。逐渐地，思考的能力也将失去。但如果将他们视为客户，那么就更容易理解客户与我们之间可能存在的误解，毕竟大家术业有专攻。这时，不少人便会考虑客户可能的隐藏的想法，耐心地沟通核对，态度也端正友好。

灵活地给出建议

对于一家 IT 公司来说，开发人员是当之无愧的宝贝，各企业为了招来优秀的工程师，都不惜重金。他们是天才，似乎什么问题他们那儿都有解决方案。是的，其实一个用技术能够解决的问题，往往都有很多种解决方案，有些方案甚至不涉及技术。在拥有天才一面的同时，开发人员也相当耿直，有时候甚至过于耿直，过早地将精力集中到技术方案上，而这时的方案往往还只是开发人员一厢情愿的期盼，不一定是客观上合适的方案。令人不安的是，与这些技术人员合作的业务分析人员和管理人员却没有办法预测或是验证其中的风险。

↑ 天才开发人员

在手机支付的概念在技术圈风生水起时，有人正对"刷手机乘公交"的想法感到兴奋，在一边走一边与朋友分享的时候，正好有公交车到站。只见朋友伸出手机在刷卡机边轻轻一滑，"嘀"的一声，刷卡成功！他好奇地问朋友，你是怎么做到的？朋友淡定地翻开手机盖，从中缓缓抽出一张公交卡。

虽然这只是一个笑话，但现实中类似的情形却在实际发生着，就像上一节中提到的例子一样。如果开发人员拥有客户思维，就应该在真正行动之前，考虑多个可能的方案、权衡其中的优劣，及时向客户阐明这些方案的利弊；根据对需求的理解，以及客户提供的更多信息，给出具有可操作性的建议。对于一些经验丰富的开发人员来说，给出有价值的建议早就成为了他们的工作习惯，这也正是能体现他们更具专业性的行为之一。

不过，对于老油条来说，也需要警惕：请注意保持对客户的尊重。作为客户，他们有时候显得不太专业，甚至不太友好。但开发人员一定要尊重自己的客户。客户的最终目的是解决问题，而解决方案不一定要花哨炫酷或是技术先进，开发人员应该在合适的时机，让客户知道他们可以做出选择，而不是由开发人员自行决定。即使开发人员自己有什么偏好，也不应该直接或间接地强加于客户，那样只会画蛇添足，招致反感。

《软技能》一书中指出了一个事实，虽然听起来有点残酷：当我们为了谋生而一头扎进代码的世界里时，其实与小时候老家镇上铁匠铺里的铁匠并没有什么区别。那样的我们，不用考虑顾客为何需要打造一件那么奇形怪状的铁器；在顾客一而再地提出挑剔意见时，我们一开始争辩，后来丧气，最后麻木了。那样的我们，数十年如一日，作为铁匠的技艺愈加纯熟。直到有一天，一种叫"铸造机床"的远在天边的东西，夺去了我们的饭碗。

⬆ 人与工具

如果养成思考的习惯，拥有为客户提供专业服务的能力，随时都能换个地方另起炉灶。实际上，企业的价值正是体现在它为客户解决的问题上。习惯将工作视作服务客户，把自己当作一个企业去思考，也就具有更独立的人格，为今后真正做出良好的商业决策积累经验和奠定基础。一旦拥有这样的心态，开发人员也就不会只关注完成手头的工作，还知道要计划接下来的职业发展，关注自己和同事的成长；也不会因为觉得作为开发人员去帮老板实现梦想没有意义而烦躁不安。很快，开发人员这种聪明的人种就会成为有思路、有规划的进步青年。

第Ⅱ部分　核心实践

第 3 章

基于统一迭代节奏的全功能团队

我们分两部分来介绍自组织的全功能团队以及团队的精进之道。

从汽车贴膜看专业团队

想当时给新车贴膜的时候，体验了一把什么叫"专业团队的专业服务"。

↑ 更精益、更敏捷的专业团队

听老板说这家店刚开张两个月，但是团队并不是新组建的，而是已经在一起配合了很久。这从后来的整个过程，也看得出来。整个过程我几乎一直站在旁边，虽然被冻得够呛，也被老板怀疑我是在监工，说了好几次让我放心，绝对做到令我满意。但我其实是在观察或者说是在学习，因为我觉得他们同样作为一只专业服务团队，比我们更敏捷，也更精益。

在制品限制

汽车美容这种工作，由于存在场地限制，天然就满足精益中的在制品限制(WIP Limit)。像我这次来的这家汽车美容店，只有三个工作台，也就形成了最自然的在制品限制。就算是有再多的活，再多的车需要贴膜装饰，也只能排在外边，整个团队最多也只能工作在三台车上。

这种天然的在制品限制存在，也限制了大家并行工作的最大车数。那为了获取更大的利润，也就是为更多的车服务。大家的关注点自然而然地就落在如何以最快的速度完成每一台车的贴膜装饰过程，也就是我们常说的单件流和前置时间(Lead Time)。

自组织全功能团队

为了尽量缩短每一辆车从开始装饰到完成交车的整个过程，也就是缩短单个车的Lead Time，我观察到整个团队是在以一种几乎完美的方式协同工作。

首先，所有的工作被高度并行化。例如我的车最多的时候有四个人在同时施工，一个人在缝真皮方向盘套，一个负责贴车左侧窗户的膜，一个负责贴车右侧的膜，一个负责贴前后挡风的膜。

其次，大家并没有清晰的角色划分，缝方向盘套的人在完成手头的工作后，立刻自觉加入到贴膜的工作之中；而两侧的膜贴完后，两名工人立刻开始帮车打蜡和做内饰清洁；整个过程自然而连贯，完全自组织，不需要人安排和督促。

所有人都掌握了缝方向盘套、贴膜、打蜡和内饰清洗的工作技能，并没有严格的角色分工，很难说清楚谁是贴膜师，谁是打蜡师，他们每个人都像一个专业的全栈工程师。你也很难说清楚整个过程的流程，是先做贴膜，还是先做内饰清洁，整个过程已经被高度优化过，环环相扣，环环相融，无论是时间还是材料的浪费都被降到了最低。

↑ 自组织的全功能团队

领导与管理

不用担心，这不是发生了意外，而是在做"新车去异味"项目。而这个一头扎进充满烟雾车厢的人就是这家店的老板。是的，他还是我上面提到的四名工人之一，分别完成缝方向盘套、新车除味和右侧的贴膜工作。

在我的眼里，他就是一个称职的带头人。凡事冲在前面，以身作则，勇于承担一些困难甚至危险的工作。而不是坐在舒服温暖的办公室里指点江山。有了这样的老板，这样的带头人，员工们自然也干得格外起劲。而对于作为客户的我，自然也对这样的团队平添了一份信任和钦佩。

↑ 老板=称职的带头人

质量内建

关注前置时间并不代表做得越快越好，更不意味着忽略质量，毕竟残次品也是一种常见的浪费。这不，在车几乎贴膜完成的时候，工人在做复检过程中发现左后窗户的贴膜有了一个小气泡。

老板在亲自检查、确认无法修复的前提下，二话不说直接将已经贴好的膜撕掉，重新亲自上阵贴了一个新的。整个过程迅速而敏捷，还保持了较高的质量和水准。

结语

一个小时之后，我的车焕然一新。

不得不佩服这样一只专业的团队和那个令人钦佩的老板。他们的技术是那样的全面而专业，整个团队的协作是那样的高效而自制。

而回顾整个过程，让我对于自己的团队有了很多反思，对于精益软件开发中的很多概念也有了更深刻的理解和认同。

⬆ 专业+协作=完成

团队的精进之道

之前写过一篇文章"编程的精进之法"[①]，文章主要侧重于个人精进之法。然而现在已经不是个人英雄的年代了，我们需要再深想一步，一个团队应该怎么办？

当我们带领一个团队的时候，我们想的总是，如何做好任务分配、平衡团队战斗能力和交付最好的结果。于是做的时候就会下意识地简单、被动的因材分工，那么随着项目的进展、人员的流动和各种意外的发生，我们在项目后期会感到处处掣肘，于是只能加班以示诚意。

我刚入行的时候，经历的各个项目都是如此，一直觉得这种事情就是天经地义的，直到认识一个项目经理。该项目经理是个高人，他在项目开始的时候，问清楚每个人擅长的部分，然后让每个人去做自己不擅长的部分，不会？去找擅长的人帮忙。

比如，张三以前做过用户权限管理，李四以前做过单据管理，王五以前做过工作流。交代一下例子的上下文，当时那家公司主要就做一个大的领域，不像现在前后端分这么清楚，项目经理有时候还要身兼技术主管。他就会说，好，张三去做工作流，王五去做单据管理，李四去做用户权限管理，遇到不会的，谁擅长什么你们都知道了啊，去问。

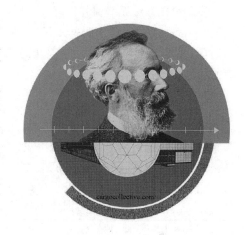

↑ 项目经理须人尽其才

虽然看起来有点乱来，但是他负责的项目从来没出过问题。后来我加入 Thoughtworks 才知道，这是"把项目成功交付看作能力建设的副产品"口号的一种朴素实现。

很多团队能力不强，团队的领导者就总是在向外寻找方法和帮助。这个行为本身没错，但是做这件事的人往往无法摆正心态，很多人的潜意识是假设团队成员能力不变的，期待在此前提下通过一种魔法般的方法改变团队的绩效，这种思路在真实世界里是走不远的。

---

① 请访问 Thoughtworks 洞见公众号同名文章。

在 Thoughtworks，我们认为，软件开发中的一切问题，根本上都是人的能力问题。如何发展每个成员才是问题的关键。如果成员没有进步，始终是治标不治本的。所以我们采用的一切实践，不管是以前曾采用的还是以后会采用的，核心目的都只有一个：发展人的能力。因此才有了那个听起来很耸动的口号："把项目成功交付当成能力建设副产品。"

如何发展人的能力？讲东西吗？不太靠谱，信息仅靠分享是没用的，我经常把刚讲过一遍的知识，让人复述；把结对时刚写完的代码全删掉让同伴重写一遍，能做到的人不多。记也记不住，做也做不到。

就像我之前在"然而培训并没有什么用"这篇文章①里说的，做练习？没时间，项目太忙了。而且，就算你有时间，我们拿出时间来做练习，你能保证到了跟练习不一样的场景下团队成员们都能用好吗？把学会的知识在新场景下用好这件事，还是挺看天赋的。

讲东西不靠谱，做练习没时间，那难怪大家不考虑能力建设了。不过，如果我们反过来想，这个问题就变得没那么难办了，既然没有时间做能力建设，那么也许一切活动都可以看作是能力建设。所以那个项目经理的招数虽然看起来比较乱，却恰恰是这个思路，我在项目开始的时候，不是着急去以最快的速度交付结果，而是通过

cargocollective.com/

任务分配，发展团队成员的能力。在一个较长的时期里平均来看，我们就是在以最快的速度交付结果。

所以，回到我们的主题，团队的精进之道就是把交付过程中的一切活动都看作能力建设，把整个团队构造成促进每个成员成长的生态系统。

说起来好像挺简单，我只要换个角度看就好了，然而想要做到却没有那么简单。这里面差异微妙而关键。

一个人要划任务、估时间、在做的时候计时、根据实际结果进行反思。我们可以把这

---

① 请访问 Thoughtworks 洞见公众号同名文章。

个方法做成非常邪恶的、仿佛流水线上工人的强制要求。我不关心你为什么超时，就通过这种方法来控制程序员，要求每个人都严格按照一个死板而僵化的步骤做一些简单重复的机械动作。也可以用这个方法来锻炼一个人的自我认知和发现知识漏洞等能力，促使他以最快的速度成长，等他成长起来马上给他更重要的任务，比如评估技术、评估项目、带新人、做架构等等。这两种结果的差异，背后就是领导者认识的差异、团队成员认识的差异。这其中的不同早在很多年前，就被一些大牛们观察到，作为敏捷宣言里的一句话表达了出来："个体与交互 高于 流程和工具。"

团队里的流程和工具，是为了成就个体，促进交互？还是为了抹杀个体，消除交互？

这个微小而关键的差异，是一切的本质。有多少团队学了 Thoughtworks 的一些实践，搞了看板、开放工作空间、TDD 和 CI，团队氛围依然压抑，成员之间交流不畅，个体成长不受尊重，领导与员工玩"猫和老鼠"的游戏。新时代的管理者比起老板，更像老师。师者，传道，授业，解惑也！各位老师，团队的未来就靠你们了。

第 4 章

基于用户故事的需求及范围实时管理

我们将从五个方面来开始本章的话题：估算的目的是什么？如何识别和应付需求风险的坏味道？怎么看待需求的冰川？软件项目规模估计什么以及怎么估？

估算的目的

我第一次与敏捷软件开发的邂逅，是在极限编程刚刚兴起时，源自跟 Kent Beck 一起工作的经历。其中让我印象深刻的事情之一，就是我们做计划的方式。这里面包括一种估算方式，比起我之前见到过的其他方法，它既轻量，还更有效。这样过了十年，现在一些有经验的敏捷实践者，开始了一场关于估算是否值得甚至是否有害的争论。我想，为了回答这个问题，我们必须审视一下估算的目的。

通常的场景是这样的。

- 开发者被要求给出对于即将开始的工作的估算。人们大多是乐观派，在没有压力的情况下(一般至少也会有点压力)，这些估算通常会比较小。
- 这些任务和估算会被转化成发布计划，然后用燃尽图跟踪。
- 接着，人们就会按照这些计划，持续监控着团队为完成任务所投入的时间和资源。当实际消耗的时间和资源，超过当初的估算时，每个人都会变得失望。为了迎合当初的估算，开发者被要求牺牲软件的质量，但这只会让事情变得更糟。

这种情形下，对估算的投入充其量就是一种浪费，因为"估算就是在干净的衬衫上猜测"。只有当估算被当作追逐更多特性的手段时，它才会变成实质上有害的行为。过分追逐特性是一种很糟糕的情形，人们只是开始热衷于完成一个又一个特性，而不是追踪项目的真实结果。

估算还会设定期望值，既然估算通常会偏低，所以它们设定的期望值也多是不切实际的。任何时间上的增长，或者软件特性被砍掉，都会被视作是失败。出于对风险的逃避，这些失败的后果往往会被放大。

面对类似这样的情况，我们就很容易看到人们把愤怒对准了估算本身。这样也导致越来越多的人认为，任何沉迷于估算的人并不是真正的敏捷实践者。而批评敏捷的人则说，这意味着敏捷软件开发的本质就是，开发者很快动手开始做，却并不明确要做什么，而且承诺说，该做完的时候肯定会做完它，而且你肯定会喜欢它。

我并不同意估算是天生有害的活动。如果有人问我，估算是不是件糟糕的事情，我的答案会是一名标准咨询师的答案："不一定。"而接下来的问题就会是"取决于什么。"为了回答这个问题，我们就不得不问，我们为什么要估算，因为我想说："如果事情值得做好，就值得问清楚，我们到底为什么要做它。"

对于我来说，当你面临重大的决策时，估算就是有价值的。

我的第一个得益于估算决策的例子是：资源的分配。一般来说，组织大多拥有固定数目的钱和人，而且通常有太多值得做的事情。因此人们就面临选择：我们是做 A 还是 B？面对这样的问题，了解 A 和 B 分别要涉及多少投入(以及成本)是有必要的。为了做出一个明智的决策，你需要有对成本和收益有个大致的了解。

另外一个例子是估算对协调的帮助。蓝色团队想在他们的网站上发布一个新的特性，但直到绿色团队创建新的服务提供给他们关键数据后才能发布。如果绿色团队估算他们会在两个月后才能完成新的服务，而蓝色团队估算需要一个月去能完成新的特性，那么蓝色团队就知道不值得现在就开始实现这个新特性。他们可以花费至少一个月时间，工作在其他可以早点发布的特性上。

所以，任何时候想做估算时，都应当非常清楚哪一项决策需要依赖这个估算。如果你找不到这样一项决策，或者那个决策并不是那么重要，这就是一个信号：此时做估算是在浪费时间。当你找到这样一个决策时，那要知道问题的上下文是什么，为什么估算会很重要。同样还要搞清楚期望的精度和准确性。

同时也要明白，有时候为了做决策，可能会是其他替代的方案，而未必需要估算。也许任务 A 比起 B 要重要得多，以至于你都不需要一开始把你所有的空闲精力都放在

B 上。也许有办法让蓝色团队和绿色团队合作，更快地创建出服务来。

类似地，跟踪计划也应该由它如何影响决策来驱动。通常我的意见是，计划扮演的是基线角色，帮助评估变化，如果我们想要添加一个新的特性，我们应该如何把它放进既定的"五磅篮"里呢？估算可以帮我们理解这些取舍，并因此决定如何响应变化。在更大范围下，重新评估整个发布计划，可以帮助我们理解整个项目是否仍然充分有效利用了我们的能力。几年前，我们曾经有一个规模长达一年之久的项目，在重估时发现还要多花几个月进去，之后我们取消了这个项目。我们把这视作成功，因为重新估算发现，项目会比我们最初期望的会花费更长时间，早点取消可以让客户把资源转移到更好的目标上。

但跟踪计划的同时，也要记住估算是有适用期限的。我曾经记得有一位经历颇丰的项目经理说过，计划和估算就像是生菜，刚过几天还很新鲜，过了一周有点枯萎了，几个月后就完全看不出来是什么了。

许多团队发现，估算提供了一种有用的机制，可以促使团队成员间彼此交流。估算会议可以帮助大家以不同的方式，对实现即将开始的故事、未来的架构方向和代码库中的设计问题，有更好的理解。在这种情况下，任何输出的估算数字可能都不重要。这样的对话可能以很多方式发生，但如果这些对话没有发生，就可以引入关于估算的讨论。相反地，如果你考虑停止估算，你需要确保估算时会发生的任何有效的对话，在其他地方还能够继续进行。

在任何敏捷相关的会议上，你都会听到很多团队在谈论，没有估算他们也可以工作得很有效。通常这是因为，他们以及他们的客户明白做估算并不会影响重大的决定。举个例子，一个小团队在和业务人员紧密协作。如果广阔的商业前景很乐意分配一些人到那个业务单元，那么就可以按照优先级开展工作；通常这得益于团队把工作拆分成足够小的单元。团队在敏捷流畅度模型中的等级，在这里起到非常重要的作用。在团队前进时，他们首先会纠缠于估算本身，然后开始会做很好的估算，最后达到不再需要估算的境界。

估算本身并无好坏之分。如果你不用估算就可以有效地工作，那就这么干。如果你需要一些估算，那就要确认你很清楚估算在决策时起到的作用。如果估算会影响到重大的决定，那就尽可能做出最好的估算。一定要小心那帮告诉你任何时候都要做估算，或者从来不需要估算的人。任何关于估算用法的争论，都要遵从于敏捷的原则，即针对你特定的上下文，决定你该采用的什么样的方法。

需求风险的坏味道和对策

大部分项目上，我所承担的角色是帮助客户寻找到产品战略，并着手落地开始项目实施，在这个过程中，我需要强制自己迅速从发散思维中回到收敛思维、从机会导向回到风险导向，因为大部分的 IT 项目都可能失败，成功对于 IT 项目而言很可能是"不失败"。

这说起来似乎有些"缺少志向"，但是在现实中 IT 项目所面对的，除了软件工程本身的巨大挑战，还有技术之外的需求、设计、沟通、政治、分工、计划等诸多变数，作为一个大型项目的负责人，一旦进入交付落地阶段，就应该进入"风险模式"。

而"控制需求"成为了"控制风险"中最重要的一环，换言之，对于一个失败的项目而言，需求未得到有效的控制，往往是最重要的原因。本文将讨论多年来我在需求控制方面的一些心得。

识别坏味道

要明白软件工程是一件专业性很强的事情，你必须教育客户，让他明白如何管理一个软件项目的"坏味道"，以下场景你是否似曾相识。

- "这个需求我们实现过，只需要一周时间就可以完成。"
- "关于这个需求，你做个方案给我选一选。""这两个方案我都不喜欢，要不你们再想想？"
- "这是领导要的，我也没办法。"
- "没有这个功能，我们不能上线。"

当听到这些话的时候，作为工程管理者的你，就应该警惕可能在"需求控制"方面正在遇到挑战，让我们来分析一下每句话背后的挑战：

"这个需求我们实现过，只需要一周时间就可以完成。"

你的客户正在插手你的工作量估计，这往往是最危险的。一个优秀的项目管理者首先需要做的是让客户完全了解你的工作量估计系统是如何工作的，并不断强调你的工作量估计是合理、公平和有效的。

"关于这个需求，你做个方案给我选一选。""这两个方案我都不喜欢，要不你们再想想？"

这代表你的客户不理解在软件开发中，"需求分析"也是工作量的一部分，AB 稿在设计界中广泛存在，在我看来是最低效的一种决策方式，这一问题在软件交付中也同样存在。你会尽可能做出一个更趋向于复杂的设计、以求得客户的决策，最终结果是需求被放大。

"这是领导要的，我也没办法。"

这代表你的客户正在抛开自己的决策责任，尝试用最不负责任的方式逼迫你答应需求，一旦成功，这种行为就变成一个肆无忌惮的借口。

"没有这个功能，我们不能上线。"

必须据理力争，请坚信，没有阻止上线的功能，只有阻止上线的、不理智的、缺乏安全的客户。

这些"坏味道"是我经常遇到的情况，有什么方法和对策呢？以下是我的一些总结。

1. 尽可能靠近决策者

软件工程同样是一个"社会工程"，软件项目的失败往往是因为其社会性的复杂，导致身处其中的人无法处理所负责的合作、组织、政治和职责关系。

而越是处于复杂社会网络的中间、越无法对整个复杂网络产生影响，最好的办法是尽可能地接近决策者。但往往你总是在跟你的直接客户合作，决策者也许是他的上级，你如何接近决策者呢？

我的建议是：尽可能帮助你的直接客户接近他的上级、也就是真正决策者，在上一个客户中我们做了以下几件事情。

- 为客户包装向他的上级汇报的 PPT。
- 总结他的上级的想法，例如用可视化的方式概括他的上级在说什么。
- 将工作过程拍成视频，供他在组织内传播。
- 每周一次 Newsletter，制作一些易于传播的图片和小视频等。

这些内容被我们的客户传播给了他的上级，甚至上级的上级，不一定要等到成功的项目，我们就已经将影响力传递到了决策者，这使得你和你的客户不再是甲乙方的关系，而是合作者，明确这个地位，才是接近决策者的重要意义。

⬆ 将项目过程拍摄成专业视频供组织内部传播，以此接触高层决策者

2. 做系统决策人

和你的直接客户建立合作关系之后，你还要努力将自己打造成系统的决策人之一。系统是各种概念建立关联关系的结果，一个优秀的系统决策人需要对以下决定产生影响。

- 是否应该引入新的概念。
- 是否应该将某一概念变复杂。
- 是否应该建立新的关系。
- 是否应该将某一关系变复杂。

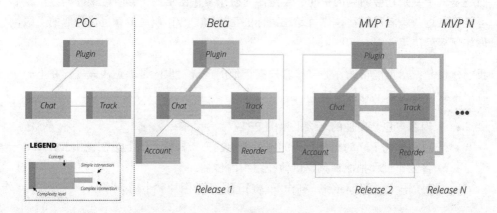

⬆ 用系统复杂度的增量方式，包括新增/加强概念和新增/加强关系来建立概念系统模型，用概念模型来讨论需求

这套"概念系统"应该持续存在于你的脑海里，一旦新的需求出现，你就需要对这个需求做出以下决策。

- 这是否引入新的概念？
- 这是否在将现有概念变复杂？
- 这是否建立了新的关系？
- 这是否在将现有关系变复杂？

我们通常习惯于从"价值"的角度进行决策，而在真实场景中，对于任何一个没有上线的产品，谈论"价值"的意义都不大。因此谈系统复杂度会是一个更好的策略，因为你把客户与客户的讨论拖入了一个更偏向于系统工程的专业讨论，而非一个"非专业"的所谓价值讨论。

当然你必须给客户一个明确的优先级指导框架，例如在一个新系统里，建立新概念间的关系，优于对于一个已有概念或关系进行深入优化，达成一致后，决策效率会更高。

3. 不要给选择

这个建议听起来很专断，它背后的含义是努力让客户认为你所给出的几乎是最优选择，就算再选，也应该是优、次优、最次选择这样的方式，而不应该是同等权值的盲目拍板。给选择的目的永远是让客户选择我们期待他选择的那一项，如果不给选择也是其中一个选项，那么尽量不给客户选择。

我所使用的策略有如下几种。

- 采用完美的系统思维逻辑帮助客户认定我们选定的就是最优选择。
- 对我们的方案给出完整的思考和选择过程、而不是最终方案而已。
- 给出大量的假设让客户认为反正都不知道最后结果是怎样，选什么其实都没那么重要。
- 最后才是给出多个方案，对优缺点进行分析。

这样的方式帮助我们强有力地抓住了需求的源头，阻止需求扩大、或朝错误的方向演进。

4. 管理结果而非解决方案

管理需求的核心在于管理结果，而不在于管理解决方案，结果和解决方案的区别是什么？假设一个简单的在线小额贷款的产品，也许有一长串功能需求，但核心的结果也许只有几个。

- 借贷者能够借到合适利率的贷款。

- 贷款者能够在合适风险下发放贷款并获得收益。
- 平台能够管理逾期的风险，并从中获益。

把所有的需求讨论放在对于这一系列结果的影响上，而不过多讨论具体实现方式：有了它跟哪个核心结果有关？有了它会对这个核心结果有什么影响？没有它呢？

ID	Business Outcomes	Scenarios		Step 1	Step 2	Step 3	Step 4	Step 5
1	Improved customer relevance to increase sales	Using customer's self-defined personal style to make more personal and relevant recommendations;	Associate	Associate logs in - Blue Inspire app	Clicks magnifying glass	Selects item type (e.g. blouse) criteria(style, occasion, shape, hair and skin) [NOTE: BLOUSE ALLOWS FOR MOST OPTION}		Touches single item
			Customer		Customer expains need	blouse-traditional-work casual-stick-black hair-brown eyes-brown skin	Picks single item they like	
			Device response	Ask for log-in ID welcomes associate	Goes to filter screen	Returns array of items		Returns item display page
		Using an expanded set of criteria to improve relevance of personalized recommendations	Associate	Associate logs in - Blue Inspire app	Clicks magnifying glass	Selects item type (e.g. blouse) criteria(style, occasion, shape, hair and skin) [NOTE: BLOUSE ALLOWS FOR MOST OPTION}	Clicks on magnifying glass to rettun to filter page.	Change feature filter, e.g. body shape or personal style Change from stick to hourglass
			Customer		Customer expains need			
			Device response	Ask for log-in ID welcomes associate	Goes to filter screen	Returns array of items	Filter page appears with exiting filters	
		Maintain ongoing conversations by capturing a wish list and recommending items based on it	Associate	Touches heart on the PDP page	Touches heart on PDP	Clicks "…" on wishlist page	Sekects send to email	Adds customer email and hits send
			Customer				Provides email address	Receives email lat designated address
			Device response	Heart changes color and wishlist quantity increments	Wishlist page is displayed	Wishlist menu displays	email is called up with images from wish list	Sends email and returns to wish list

⬆ 一个用简单 Outcome Dashboard 来管理需求的例子，通过考察需求对业务结果的影响来规划需求

切记，不是因为东西难就不做，也不是因为东西简单就做，而是思考一个需求对于**整体结果的影响**。换句话说，一个产品的上线，应该是一系列结果的上线，而不是一系列需求的上线，需求是结果的副产品，应该由产品经理、设计师、架构师来保证，你只需要和客户讨论最终产品在多大程度上可以满足预期的结果。

如果没有影响，无论有多简单，都不应该做，如果至关重要，无论多难，都应该完成。

5. 建立游戏规则

就像之前所说的，游戏规则必须建立，这里的游戏规则，我推荐以下几条，你需要花长时间和客户进行讨论、强调、教育、再教育。

- **没有东西是免费的**　所有东西都是有价格的，花时间的，这里包括需求的讨论、编码、改动、测试、调试、沟通等等。

- **讲不清楚的需求很可能是没价值的** 如果讲都讲不清楚，今天讲不清楚、明天讲不清楚，即使写 100 页文档，也还是讲不清楚。大多数情况，都是没价值的需求，不如推迟决策。
- **这是系统思考** 任何一个新概念的产生或者一个新关系的出现，都意味着系统其他部分的成本、变动、甚至破坏，谨慎一切新概念、新关系的产生。
- **社交游戏** 复杂问题最终都是复杂的社交游戏，能通过政治或者社交解决的问题，尽可能不用技术解决，例如：当前项目上需要其他系统开发的配合解决，花大力气放在协商其他团队改变开发计划，而不是扩大本项目开发需求。
- **每个阶段都有该阶段专属的规则** 特别在需求的前期，讨论越多需求，流入后期的需求范围就越大。在一开始就应该建立"需求规则"的概念，什么该谈、什么不该谈，而不是简单跳过(例如放入 Parking Lot)。

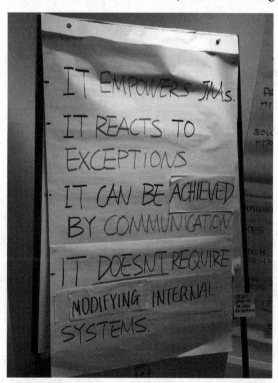

◀ 在前期需求规划中，我们就设定了严格准入标准，任何需求的讨论，如果不符合这些规则，都坚决不谈

- **交付大于一切**　永远不进行项目延期，目标是在交付期中保证交付既定的结果，而非之前约定的需求列表，可以容忍瑕疵、但不容忍延期。
- **尊重估算**　不要尝试花时间质疑估算，你所有的怀疑会变成工程师巧妙的"套路"，他们会在另外的地方找补回来，反正你不懂，若相信，请深信。

最后，大型 IT 交付项目的巨大风险在于"需求管理"，真正的诀窍在于将管理需求上升到新的层次：

- 决策者期待；
- 系统概念和关系以及产品路线图；
- 业务结果；
- 组织内协作和社交。

不要着眼于需求本身，如果我们只懂得用需求列表中的工作量估算、功能排期、优先级排列，"需求失控"只是时间问题。

需求的冰川

在面对客户、面对用户或是面对五花八门的产品时，我有时会忍不住问自己，到底什么是需求分析？这概念好像哪哪儿都有、无人不知无人不晓，又好像深不见底难以摸个透彻。那我们在谈论需求分析的时候，都在讨论些什么？

⬆ 当面讨论和澄清，洞见到真正的需求

要谈论需求分析，先要说说需求本身这个概念。在我们的语境中，需求往往包含了两层意思。

- 用户需求：从用户自身角度出发产生的"自以为的"需求。
- 产品需求：由综合提炼用户的真实需求而产生的符合组织和产品定位的解决方案。

这样一来，重点显而易见：真实需求和解决方案。如何挖掘需求？如何确认需求和解决方案？对此，我们已经有了很多成熟的方法论。但真实的需求又是什么？如何知道我们拿到的就是所谓"真实的"需求？要想摆脱需求罗生门，无限接近用户真正的需求，让产品从能用到好用，恐怕第一大忌就是"想当然"。

"想当然"，很大程度上等于我们经常在讲的做假设。做合理的假设并积极地验证假设从来不会造成问题；可怕的是没有意识到假设的存在还自我感觉良好，这大概就是我们中文里"想当然"所包含的意思了。

拿到我们的项目交付语境中，"想当然"是什么？是懒做甚至不做用户调研关起门来做需求；是自以为了解用户也了解客户没经过验证就敲定了需求；是偏听偏信客户爸爸的话说什么就做什么。

用户研究与验证

了解用户/客户是个庞大的课题，当用户体验被不断强调，可能没有人会跳出来否认用户研究和验证的价值。但反观我们的实践，很多时候业务分析师在需求层面上对用户研究和验证的重视还远远不够。

造成这种缺失的一大原因在于角色的割裂。有人理所当然地认为用户研究与验证是设计师的事，毕竟他们的头衔才是"用户体验设计师"。在产品同质化严重的今天，"体验"二字包含的不单是界面好不好看，操作顺不顺畅，更是背后的业务逻辑和痛点把握。如果强行将需求分析和用户调研分割开来，我们所做的需求分析很可能是浮在真相表面的"假需求"，所谓用户体验更是无从谈起。

业务分析师常常被形容为产品和交付之间的桥梁，产品经理把握产品走向，聚焦产品成长；业务分析师则往返于产品经理和程序员之间，专注如何迅速有效地让产品落地。于是，有人理所当然地把用户研究与验证的锅扣在产品经理头上，认为他们作为产品的最终负责人，应该由他们去做用户反馈的收集，再传递给业务分析师。

首先，我们应该承认产品的需求和运营是无法独立存在的，如果业务分析师和产品经理是纯粹的上传下达关系，分析师既不接触用户也不关注反馈，他甚至连"好"的定义都模棱两可，如何能分析好需求又怎么做好一个产品？其次，虽然产品经理们对自己的行业和领域有很深的了解，但对产品的规划设计和交付却很难面面俱到。他们不是不愿意做好用户研究与验证，而是不一定具备这种能力；即使做好了，也很难知道如何准确地把合适的信息传递给业务分析师和交付团队。

我们不止一次地强调复合型人才对产品构建和组织转型的重要性，在需求分析领域，用户研究和验证或许是呈给业务分析师的第一份考卷。

"了解用户"无法一劳永逸

在没有直接接触过用户、也没有参与过产品前期设计活动的时候，我曾经想当然地认为"了解用户"是售前团队、产品探索和规划设计团队的事情；我作为交付阶段的业务分析师，只要跟着项目计划保证交付就好了。后来有机会接触了更多项目更前期的阶段，开始认识到事实也许并非如此，但也并没有付诸实际行动。原因再简单不过：项目交付已经焦头烂额，花"额外的"精力去做用户研究和验证只能带来眼见的工作量负载而非立竿见影的成效，更别说有招致需求膨胀的可能，不如作罢。

在产品探索和规划设计阶段，由于时间紧、任务重，我们的用户研究与验证往往侧重在产品概念层面，确保产品方向性的正确。因此，即使在产品快速启动时产出了完整的需求列表和设计，也不意味着他们统统是"准备就绪"的状态；更不意味着在交付的第二期、第三期，可以照搬当时的产出作为产品目标。"了解用户"无法一劳永逸，反之，它应该是持续的：在产品进入稳定的交付阶段后，业务分析师应该继续积极了解用户，不断验证并挖掘需求；用户和环境都在改变，该重新组织产品规划设计工作坊的时候，不能搪塞了事。

↑ 产品探索和规划设计

我目前所在的团队正在做一个听起来挺无聊的需求：给产品中的某功能换名字。我们的产品旨在帮助企业员工提高心理健康水平，在必要时进行干预并提供援助。这个产品已经上线两个月，收到了不错的用户/客户反馈，但是从 GA 收集到的数据来看，发现我们当初产品设计阶段收到正面反馈的一个功能使用率并不理想。团队经过用户研究发现，从某种程度上看，是这个功能的名字出了问题。因为用户大多常常处在焦虑状态，这个叫 Goal 的小功能让人觉得"压力山大"，承诺(commitment)很重以至于让人感到"望而生畏"，结果干脆不用；我们将在下次发布中，把 goal 换成 pathway，让人觉得这是压力生活下的一条清幽小径，而非任务/目标。

保持好奇，保持初心

用户研究和验证的方法千千万，我不在这里一一列举。保持好奇，保持初心(Stay hungry，stay foolish)这句用烂了的话，恐怕是我能找到的最契合"BA 怎么做用户研究和验证"的原则。面对客户的需求，多问一个为什么；面对用户的答案，多想一个为什么；能最大程度地避免"想当然"，或许就能最大程度地做好"用户研究和验证"。

我们常常形容需求是冰川，露出海面的只是冰川一角。有一年夏天，我在某客户的合作工厂做用户测试，工人们因为厂房过于炎热而光着膀子，也不带安全帽，我趁他们休息间隙想要和他们聊一聊。等我走到蹲着抽烟的人旁边想要加入他们时，但几乎与此同时，大家都站起来离开了。想要融化冰川，或许不只是挖掘那么简单。

浅谈软件项目规模估计，到底在估什么

尼尔斯·玻尔说过："预测是一件非常困难的事情，尤其是预测未来。"

定制化软件开发是一件复杂的事情，尤其是目前我们主要提供的端到端软件交付，它极大拓宽了软件开发的生命周期，更加着眼于业务价值，但这也增加了整个设计、分析、交付过程中的复杂度。软件交付已不仅仅是传统意义上的技术交付，更包括了体验设计、业务分析、测试、管理、运维、运营支持以及流程管理的内容。

基于几年浅薄的软件交付经验，我想尝试总结在初期进行规模估计的时候应该考虑哪些范围。

体验设计

在互联网产品的影响下，目前客户对体验设计的要求已经到了"奢侈"的程度，经常对仅有几十个甚至几个用户的系统提出很多关于体验式上的较高要求。但人毕竟是视觉动物，好的展示效果、使用体验往往是产品的加分项，能带来比较大的口碑收益。同时，这也是最容易跟客户(尤其是业务客户)产生交流和互动的地方，有利于跟客户的深入沟通，特别是这些终端用户还经常是项目重要的干系人。

在端到端交付中，设计人员会参与项目的整个交付过程，从最开始的发现(Discovery)一直到产品的上线，从与客户沟通设计需求，到方案设计、方案确认，再到开发过程中与开发人员、业务人员协同方案落地，从源头到落地保证方案的准确性。

功能性需求

在敏捷软件开发中，系统的业务功能会从终端用户的业务价值交付出发，被拆解为一个个用户故事。

➤ 使用说明

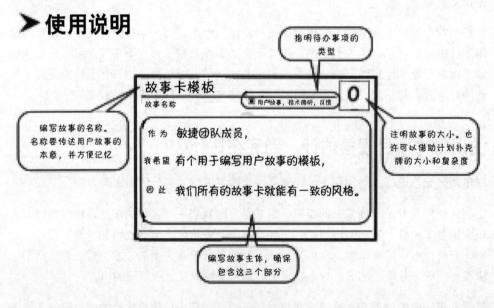

↑ 故事卡模板

全部的业务功能会形成一个用户故事列表，来从更细的粒度上描绘业务全景。

这部分是项目规模估计中最重要的一部分。所以业务分析和拆分的整个过程要非常非常非常的仔细，因为初期的这个故事列表很可能会成为对客户的一个承诺，未来如果发现不在故事列表中，但也必须要做的重要支撑功能时，就需要增加跟客户协商谈判的成本，或者默默认了。

在拆分完成进行复检时，敏捷团队(而不仅仅是 BA)，可以问自己下面这几个问题。

- 客户所处的行业是什么？本行业有没有固定的业务领域模型？客户想做的是哪个模型的扩展？
- 有没有类似的竞品可以参考？
- 有没有考虑系统交互的全部的用户角色？
- 有没有系统自动推进、不需要用户交互的任务？
- 有没有考虑全部的业务场景？正常的场景和异常的场景？
- 每个场景的每一步是如何对接的？具体的详情是什么？是否可以进行进一步拆分？
- 每个环节使用的用户数量是多少，会有性能要求么(精确到每个指标)？
- 系统边界是什么？待开发系统和待集成系统各自完成的业务功能是什么？
- 是全新的系统，还是需要与旧有系统做数据迁移，逐步替代？是否有逐步替代的计划和方案？

拆分方法可以参考"庖丁解牛：产品需求分析"[①]，在这里就不展开了。

非功能需求

除了功能需求，非功能需求更需要引起我们的重视，这往往是项目最容易忽略而掉到坑里的地方。

考虑到我们开发的往往是 Web 或者 Mobile 的产品，最基本的要考虑以下两点。

- 浏览器的兼容性问题：兼容哪些浏览器和兼容版本？
- 移动端的兼容性问题：兼容哪些手机设备、操作系统和版本号？

---

① 请访问 Thoughtworks 洞见公众号同名文章。

除此之外还包括性能、可维护性、可测试性、可用性、可移植性及可扩展性等，项目太多就不一一展开了，这里单说一下性能。

性能是个比较容易量化的需求，比如同时并发访问的人数和页面读取时间等。对于一些用户量较大、高并发的场景，可能需要做多级的性能调优：从应用代码级别到数据库级别，再到部署架构级别，甚至 CDN 缓存级别，都可能成为需要考虑的部分。这部分根据项目的情况不同，差异会很大。有的项目可能并不需要投入太多精力在这上面，只需要对其中明显的性能问题进行一些修复，但有的项目可能整个项目都在满足性能上的要求，所以不可不细察。

技术架构

有些项目，客户会比较看重我们在产品架构方面的设计能力。这个时候，技术架构不仅需要简单满足短期项目的诉求，还需要有更长远的规划。在这种情况下，前期植入的时间不能支撑整个项目技术架构的设计和搭建，可能是需要更长时间的设计和演进，这部分可以作为独立的工作来进行估计。部署架构亦然。

开发部署环境

同时，为了能够支撑持续集成/持续交付，整个交付过程往往需要一系列的开发、测试和上线的环境，包括但不限于 CI 环境、开发环境、QA 环境、SIT 环境、UAT 环境、Pre-Prod 和 Prod 环境。如果这些没有预先准备好，这些环境的准备工作也会花不少时间，尤其是当同时涉及客户内网和外网的情况下，甚至会成为项目的严重风险。

与三方的集成

集成往往不是个小问题。目前的软件项目，往往都是基于现有的系统进行开发，所以集成的工作必不可少。契约的制定、数据的迁移、其他供应商三方系统开发工作的推进以及接口的集成联调等，往往都是项目全周期的工作重点。必须从项目第一天就思考持续集成和持续交付，千万不可以把这部分工作留到最后处理，这是我们的血泪经验之谈。

测试

敏捷项目中的测试，与传统先开发再测试这种方式极为不同的一点是：没有固定的测试人员，而是全员来保证软件的质量。测试包括的范畴也比较广，目前项目中的"标配"包括以下几个部分。

- 自动化测试，包括单元测试/集成测试/功能测试。
- 迭代内探索性测试。
- 业务回归测试。
- 性能测试。
- 安全测试。
- 代码质量测试。

这些测试根据项目规模、复杂度的不同，规模估计上会有较大差距。比如安全测试，有的系统是面对企业内部用户使用的，仅部署在内网，这样仅实现内部权限控制即可，一般不会有安全问题，安全测试的粒度也可以适当放粗，但有的系统要部署在互联网上，供终端用户使用，此时安全测试不仅仅要考虑应用层面的权限隔离，还要考虑网络层面的防火墙和防攻击策略等。这部分可以由专业的安全专家提供建议方案，看如何合理地将测试任务放到总的规模估计中，并与客户提早达成一致。

验收交接流程

这部分是比较容易忽略的，主要包括软件的整个验收流程、代码交接、文档撰写工作，根据情况不同，可能会使项目时间延长 1 周～4 周不等，这也要在项目之初考虑到。

结语

在初期进行规模估计绝不是一件容易的事情，需要跟客户深度沟通，需要有敏锐的洞察力，要有多角色的思考，还要有快速的判断。

软件项目规模估计，怎么估？

侯世达在《哥德尔、埃舍尔、巴赫》中提到："做事所花费的时间总是比你预期的要长，即使你的预期中已经考虑了侯世达定律。"

周三的下午，我像平常一样，写着代码听着歌，突然一个莫名其妙的故事列表从天而降，说让我给个人天，投标要用。作为一个技术异常牛逼的高端程序员，这对我来说岂不是小(pi)事一桩(A Piece Of Shit，哦不，Cake)吗？拿着列表，看一眼就知道是做什么的，又是个审批流系统。注册、登录、忘记密码…这些也需要时间？！哦，还要做个 SSO，可能要做点数据集成，给 15 个人天吧！又是一堆 CRUD……CRUD 各给 2 人天一共 8 个。看起来有 4 个 Model，乘以 4，32 个人天差不多。前端还有些工作量，找前端估一下……还有些跟遗留系统集成的部分，这块应该比较麻烦，给个 30 人天差不多……还要用微服务架构，估计需要一些基础环境，每个组件给 3 个人天，一共 8 个组件，算 24 吧……总共算起来 130 个开发人天，差不多，再加缓冲，算 150 吧！差不多了吧……

各位看官，这一幕是不是有点儿眼熟？然而，这样的做法可能会带来下面几个问题。

1. 估计者的估算的点数是否能代表团队估算的点数？

问题的答案显而易见。有同学会说，此时团队的人员还没完成配置，没办法让真实团队进行功能的估计。确实是这个样子，所以我们只能尽量模拟真实团队进行估计。一般情况下，交付项目的团队肯定不会全上非常有经验的同学，人员配比一定会有权衡，也就是资历深的和新手比例。所以，在估计的过程中，至少要引入新手，能够从不同经验的角度来看待同样的问题，使估计不会过分"乐观"。

2. 是否有故事卡片之外的工作时间没有考虑到？

前面的估算看起来是采用的经典的"理想人天"估算法，如果使用这样的估算法，势必要考虑一些不在故事卡工作量内，但也一定会花费时间的事务，包括但不限于以下活动：

- 回复电子邮件(沟通成本)
- 面试(内部耗损)
- 参加会议(包括内部会议，比如站会、retro、code diff、技术研讨会议和客户沟通会议等)
- 为当前发布提供支持(上线支持)
- 培训？(内部的)
- 任务之间切换/被人打断(程序员出栈入栈的消耗……)
- 修复 bug(一定会有 bug，一定会花时间修……)
- 写各种文档(对于比较看重文档的客户，这一部分会占用不少的时间)

这些事务会伴随整个交付过程中发生，基本上都是正常交付必不可少的工作内容，而且根据经验，这些事情占据的时间并不见得少于完成故事卡编码工作所花的时间。

3. 故事卡的需求是否清晰呢？

在项目启动前拿到的故事列表，往往只有 Epic 级别的，也就是很粗粒度的故事卡。故事卡中的 AC(Acceptance Criteria，验收条件)往往只考虑了最简单的快乐通道(Happy Path)，然而大部分项目中(尤其是 ToB 项目)，异常才是相对复杂的，这些异常情况往往需要花费更多的时间完成。在这种情况下进行估计，可想而知，一些隐藏的需求点往往难以发现。

问题可能的答案

想要解决或者缓解这些问题，可以选用哪些方案呢？科恩(Mike Cohn)《敏捷估算与规划》介绍了一些基本的方法。

首先，要进行集体估计。集体估计可以缓解因为个人能力不同所引发的单点偏差，不同开发成员对某个需求从不同角度进行的阐述，也容易让大家对需求有更全面的理解，也易于发现潜藏在需求中的风险。在阐述的过程中，出现复杂问题时，可以及时联系相应的专家资源。对于一些规模较大的卡片，也可以综合大家的意见，进行更合理的拆解。同时，需要由要做这些工作的人来进行估计，这样会产生更多的责任感，可以在一定程度上缓解乐观估计的问题(Lederer and Prasad，1992)。

其次，是方法。《敏捷估算与规划》介绍了两种基本的方法：理想人天法和故事点法。

1. 理想人天法

理想人天法就是直接把故事卡估为理想人天。所谓理想人天，就是"在需求非常明确的情况下，进行编码和测试工作所花费的时间"。就好像篮球比赛一样，每节 12 分钟，4 节总共 48 分钟，这是比赛的理想时间。但是谁都知道，一般 NBA 每场比赛都要大约两个半小时，比赛激烈的话三个小时都有可能，比赛真正持续的时间与理想时间是有较大差距的。相比于篮球比赛，软件项目"场外"的工作就更多了，除了上面问题 2 列出的那些实务之外，方案变更引发的大量沟通、集成联调、测试过程中的需求讲解、项目的交接等工作也需要算入项目时间。同时，对于同一个项目，不同的人根据其能力和经验的不同，会有不同的理想人天。

所以，在实际应用中，在估完理想人天之后如何进行实际人天的换算仍然是个大问题，所以……最好不用。

2. 故事点法

故事点法就是按照故事卡的规模和难度，给予每张故事卡一个点数。注意，这里的点数代表的不是所需的人天，而更多的是难度系数。

开发人员因为自己技能、经验和能力的不同，解决同样的问题，所花的时间差别很大，但对规模的估计却是一样的。就好比从北京到上海，坐飞机 1 个多小时，高铁 5 个小时，步行要一个月左右吧，距离是一样的，根据不同的速度，会花费不同的时间。

同时，人们一般很难对一个规模进行准确的估计，比如从北京到上海的绝对距离是多少，估计没几个人知道。但是，人们能够比较容易地比较两件事物的差距或者说倍数关系，比如，北京到上海的距离与从上海到香港的距离是差不多的，这个距离是北京到郑州距离的两倍。所以我们在做估计的时候，可以按照难度系数分成几波，然后在内部在进行一些比较和排序，然后按照比较的差距分配一个规模点数，比如 1，2，3，5，8，13。

大家可以看到，这个规模点数并不是连续的数字，而是采用了斐波那契这个神奇的数列。这样的数列有两个好处：一个是不会出现连续的倍数关系，比如 4 点的故事卡片是 2 点故事卡片的 2 倍；另一个是表明规模越大的卡片，其不确定性也呈递增趋势，所以会给更高的点数。

有了故事点数，我们仍然无法判定项目什么时间能够交付，因为缺少一个"速度"，也就是团队的开发速度。如果面对的是一个成熟的团队，并且使用类似的技术栈，且与客户的合作模式基本相同，那么可以参考前一个项目的速度，来进行交付时间的计算。但如果面对的是全新的客户、不同的技术栈以及完全重新配置的团队，那么速度基本是不可估的。这时候，有时候会根据技术主管和 PM 的(Pai)经(Nao)验(Dai)进行硬估，把每个点数转化成 N 个人天。比如，1 个点数需要 2 个人天，那么 100 个点数的项目就是 200 个人天。当然，这种方法……说多了会掉泪。

最后，给项目加些缓冲(buffer)。一般来说，面对这种情况，本着对客户和我们自己负责的态度，需要给项目加一些缓冲。缓冲分两种，一种是功能缓冲，一种是进度缓冲。

功能缓冲

功能缓冲，简单来说，就是对全部故事列表进行估计，假设得到总点数是 100 点，然后按照优先级进行排序，挑出其中的 MVP(要少于总量的 70%)，作为必须要做(Must Have)的部分。剩下的 30% 作为做了更好、不做也不影响主要功能(Nice To Have)的部分，通过这种方式来缓冲项目里程碑的风险。

进度缓冲

进度缓冲，用来缓冲估计之外的异常情况引发的项目时间的拉长。进度缓冲根据项目的不确定性的差异，计算的方法和结果会有较大差异，有兴趣可以参考科恩(Mike Cohn)的《敏捷估算与规划》，这里就不赘述了。不过根据 Leach(2000)准则提出的建议，至少要保持整个项目的 20%以上，否则也许不能为整个项目提供足够的保护。

不是小结的小结

前面的这些方法能在一定程度上规避风险，给开发团队带来一定的空间，但过分强调估计和交付计划的准确性，会带来更深层级的问题。

1. "输出高于结果"(output over outcome)。客户更关注功能列表的完成，而不是产生的业务价值。

2. 开发团队倾向于裁剪用户故事的功能，3 个点的故事卡，尽量控制在规定时间内完成，即使可以花更多时间把事情做得更好。

3. 控制需求变更。可以进行需求变更，但这个过程更像是一个异常的情况，而不是喜闻乐见的。

4. 当我们发现更好的业务点和想法的时候，会倾向于隐瞒，以免额外的业务功能会增加工作量。需求变更往往会涉及客户谈判，尤其是在客户观念是传统供应商管理策略时，即"我来控制需求的全景，能多做点就多做点"。

5. 在客户合作和谈判的天平上，客户关系会向谈判的方向倾斜。

估计和计划会使团队和客户更多聚焦在工作量而不是工作的价值上。如果能够引导客户从输出导向思维转变为结果导向，那么团队就不用再疲于奔命地完成那些并不会用到的功能(feature)上，而是可以有更多的时间去提升产品质量，进一步提升业务价值。

第 5 章

基于持续集成和测试前置的质量内建

关于 Gitflow

什么是 Gitflow？Gitflow 是基于 Git 的强大分支能力所构建的一套软件开发工作流，最早由德里森(Vincent Driessen)在 2010 年提出。最有名的大概是下面这张图。

在 Gitflow 的模型里，软件开发活动基于不同的分支。

- 主要分支
  - master 分支上的代码随时可以部署到生产环境。
  - develop 作为每日构建的集成分支，到达稳定状态时可以发布并 merge 回 master。
- 支持性分支
  - feature 分支每个新特性都在独立的 feature 分支上进行开发，并在开发结束后 merge 回 develop。
  - release 分支为每次发布准备的 release candidate，在这个分支上只进行 bug fix，并在完成后 merge 回 master 和 develop。
  - hotfix 分支用于快速修复，在修复完成后 merge 回 master 和 develop。

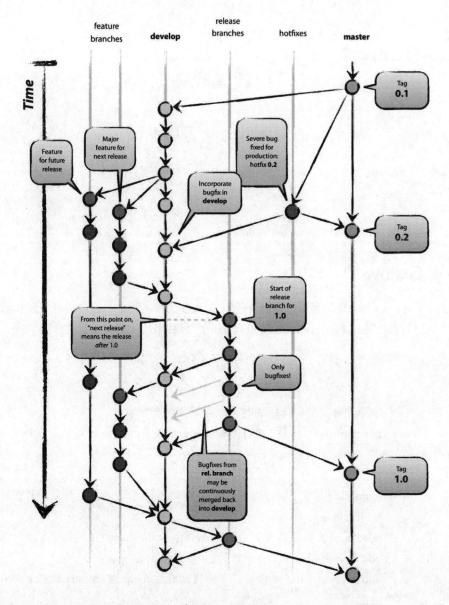

↑ Gitflow 工作流

Gitflow 通过不同分支间的交互规划了一套软件开发、集成和部署的工作流。听起来很棒，迫不及待想试试了？等等，让我们先看看 Gitflow 不是什么。

● Gitflow 不是 Git 社区的官方推荐工作流。是的，不要被名字骗到，这不是

Linux 内核开发的工作流也不是 Git 开发的工作流。这是最早由网页开发人员德里森(Vincent Driessen)和他所在的组织采用并总结出的一套工作流程。

- Gitflow 也不是 Github 所推荐的工作流。Github 对 Gitflow 里的某些部分有不同看法，他们利用简化的分支模型和 Pull Request 构建了适合自己的工作流 Github Flow。

- 在我看来，Github 在企业软件开发中甚至不是一个最佳实践。Thoughtworks Technology Radar 在 2011 年 7 月刊和 2015 年 1 月刊里多次提到 Gitflow 背后的 feature 分支模型在生产实践中的危害，又在 2015 年 11 月刊里专门将 Gitflow 列为不被推荐的技术。

为什么 Gitflow 有问题

Gitflow 对待分支的态度就像"我们来建分支吧，只因为……我们可以！"(Let's create branches just because... we can!)

很多人吐槽，为什么开发一个新 feature 非得新开一个分支，而不是直接在 develop 上进行，难道就是为了……废弃掉未完成的 feature 时删除一个分支比较方便？

很多人诟病 Gitflow 太复杂。将这么一套复杂的流程应用到团队中，不仅需要每个人都能正确地理解和选择正确的分支进行工作，还对整个团队的纪律性提出了很高的要求。毕竟，规则越复杂，应用起来就越困难。很多团队可能不得不借助于额外的帮助脚本去应用这一套复杂的规则。

然而，最根本的问题在于 Github 背后这一套 feature 分支模型。

VCS 里的分支本质上是一种代码隔离的技术。使用 feature 分支时，通常的做法是这样的：当开发人员开始一个新 feature，基于 develop 分支的最新代码建立一个独立分支，然后在该分支上完成 feature 的开发。开发不同 feature 上的开发人员因为工作在彼此隔离的分支上，相互之间的工作不会有影响，直到 feature 开发完成，将 feature 分支上的代码 merge 回 develop 分支。

我们能看到 feature 分支有两个最明显的好处。第一，各个 feature 之间的代码是隔离的，可以独立地开发、构建、测试；第二，当 feature 的开发周期长于 release 周期时，可以避免未完成的 feature 进入生产环境。后面我们会看到，前者所带来的伤害大于其好处，后者也可以通过其他的技术来实现。

合并就是合并

说到分支就不得不提起合并。合并代码总是痛苦和易错的。在软件开发的世界里，如果一件事很痛苦，那就频繁地去做它。比如集成很痛苦，那我们就每夜 build 或持续集成(continuous integration)，比如部署很痛苦，那我们就频繁发布或持续部署(continuous deployment)。合并也是一样。所有的 git 教程和 git 工作流都会建议你频繁地从 master pull 代码，早做合并。

然而，feature 分支这个实践本身阻碍了频繁的合并：因为不同 feature 分支只能从 master 或 develop 分支 pull 代码，而在较长周期的开发完成后才被合并回到 master。也就是说相对不同的 feature 分支，develop 上的代码永远是过时的。如果 feature 开发的平均时间是一个月，feature A 所基于的代码可能在一个月前已经被 feature B 所修改掉了，这一个月来一直是基于错误的代码进行开发，而直到 feature 分支 B 被合并回 develop 才能获得反馈，到最后合并的成本是非常高的。

现代的分布式版本控制系统在处理合并的能力上有很大的提升。大多数基于文本的冲突都能被 git 检测出来并自动处理，然而面对哪怕最基本的语义冲突上，Git 仍是束手无策。在同一个 codebase 里使用 IDE 进行 rename 是一件非常简单安全的事情。如果分支 A 对某函数进行了 rename，与此同时重命名另一个独立的分支仍然使用旧的函数名称进行大量调用，在两个分支进行合并时就会产生无法自动处理的冲突。

如果连重命名这么简单的重构都可能面临大量冲突，团队就会倾向于少做重构甚至不做重构。最后，代码的质量只能是每况愈下，逐渐腐烂。

持续集成

如果 feature 分支要在 feature 开发完成才被合并回 develop 分支，那我们如何做持续集成呢？毕竟持续集成不是自己在本地把所有测试跑一遍，持续集成是把来自不同开发不同团队的代码集成在一起，确保能构建成功通过所有的测试。按照持续集成的纪律，本地代码必须每日进行集成，我想大概有下面几种方案。

1. 每个 feature 在一天内完成，然后集成回 develop 分支。这恐怕是不太可能的。况且，每个 feature 如果能在一天内完成，为啥还专门开一个分支？
2. 每个分支有自己独立的持续集成环境，在分支内进行持续集成。然而，为每个环境准备单独的持续集成环境需要额外的硬件资源和虚拟化能力，假设这点没有问题，不同分支间如果不进行集成，仍然不算是真正意义上的持续集成，到最后，注定会有很大的冲突(big bang conflict)势必无法避免。

3. 每个分支有自己独立的持续集成环境，在分支内进行持续集成，同时每日将不同分支合并回 develop 分支进行集成。听起来很完美，不同分支间的代码也可以持续集成了。可发生冲突和 CI 挂掉后，谁来搞起呢？也就是说我们还是得关心其他开发和其他团队的开发情况。不是说好了用 feature 分支就可以不管他们自己玩吗，那我们要 feature 分支还有什么用呢？

所以你会发现，在坚持持续集成实践的情况下，feature 分支是非常矛盾的。持续集成在鼓励更加频繁的代码集成和交互，让冲突越早解决越好。feature 分支的代码隔离策略却在尽可能推迟代码的集成。延迟集成所带来的恶果在软件开发的历史上已经出现过很多次，每个团队自己写自己的代码是挺嗨(high)，到最后不同团队进行联调集成的时候就傻眼了，经常出现写两个月代码，花一个月时间集成的情况，质量还无法保证。

如果不用 Gitflow 呢？

如果不用 Gitflow，我们应该使用什么样的开发工作流？如果还没听过 Trunk-Based Development，那你应该先了解一下，赶紧用起来。

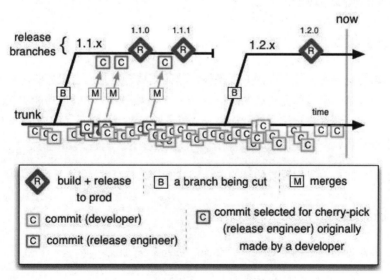

▲ 基于主干的开发

是的，所有的开发工作都在同一个 master 分支上进行，同时利用持续集成确保 master 上的代码随时都是 production ready 的。从 master 上拉出 release 分支进行 release 的追踪。

可是 feature 分支可以确保没完成的 feature 不会进入到生产部署呀！没关系，Feature Toggle 技术也可以帮你做到这一点。如果系统有一项很大的修改，比如替换掉目前的 ORM，如何采用这种策略呢？你可以试试分支 by Abstraction。我们这些策略来避免 feature 分支是因为本质上来说，feature 分支是穷人版的模块化架构。当你的系统无法在部署时或运行时切换 feature 时，就只能依赖版本控制系统和手工合并了。

分支并不是"元凶"

虽然"长命"分支(long lived)是一种不好的实践，但分支作为一种轻量级的代码隔离技术还是非常有价值的。比如在分布式版本控制系统里，我们不用再依赖某个中心服务器，可以进行独立的开发和 commit。比如在一些探索性任务上，我们可以开启分支进行大胆的尝试。

技术用得对不对，还是要看具体场景。

改善单元测试的新方法

我们为什么要写单元测试？

"满足需求"是所有软件存在的必要条件，单元测试一定是为它服务的。从这一点出发，我们可以总结出写单元测试的两个动机：驱动(如 TDD)和验证功能实现。另外，软件需求易变的特征决定了修改代码成为必然，在这种情况下，单元测试能保护已有的功能不被破坏。

基于以上两点共识，我们看看传统的单元测试有什么特征？

基于用例的测试(By Example)

单元测试最常见的套路就是 Given，When，Then 三部曲。

- Given：初始状态或前置条件

- When：行为发生
- Then：断言结果

编写单元测试时，我们会精心准备(Given)一组输入数据，然后在调用行为后，断言返回的结果与预期相符。这种基于用例的测试方式在开发(包括 TDD)过程中十分好用。因为它清晰地定义了输入输出，而且大部分情况下体量都很小、容易理解。

但这样的测试方式也有坏处。

第一是测试的意图。用例太过具体，我们就很容易忽略自己的测试意图。比如我曾经看过有人在写计算器 kata 程序的时候，将其中的一个测试命名为 return 3 when add 1 and 2，这样的命名其实掩盖了测试用例背后的真实意图，传入两个整型参数，调用 add 方法之后得到的结果应该是两者之和。我们常说测试即文档，既然是文档，就应该明确描述待测方法的行为，而不是陈述一个例子。

第二是测试完备性。因为省事省心并且回报率高，我们更乐于写 happy path 的代码。尽管出于职业道德，我们也会找一个明显的异常路径进行测试，不过这还远远不够。

生成式测试

为了辅助单元测试改善这两点，我这里介绍另一种测试方式"生成式测试"(Generative Testing，也称 Property-Based Testing)。这种测试方式会基于输入假设输出，生成许多可能的数据来验证假设的正确性。

对此，我们换种思路。假设我们不写具体的测试用例，而是直接描述意图，那么问题也就迎刃而解了。想法很美好，但如何实践 Given，When，Then 呢？答案是让程序自动生成入参并验证结果。这也就引出"生成式测试"的概念：我们先声明传入数据可能的情况，然后使用生成器生成符合入参情况的数据，调用待测方法，最后进行验证。

Given 阶段

Clojure 1.9(Alpha)新内置的 Clojure.spec 可以很轻松地做到这点：

```
;; 定义输入参数的可能情况：两个整型参数
(s/def ::add-operators (s/cat :a int? :b int?))
;; 尝试生成数据
(gen/generate (s/gen ::add-operators))
```

```
;; 生成的数据
-&gt; (1 -122)
`</pre>
```

首先，我们尝试声明两个参数可能出现的情况或者称为"规格"，即参数 a 和 b 都是整数。然后调用生成器产生一对整数。整个分析和构造的过程中，都没有涉及具体的数据，这样会强制我们揣摩输入数据可能的模样，而且也能避免测试意图被掩盖掉，正如前面所说，return 3 when add 1 and 2 并不代表什么，return the sum of two integers 才具有普遍意义。

Then 阶段

数据是生成了，待测方法也可以调用，但是 Then 这个断言阶段又让人头疼了，因为我们根本没法预知生成的数据，也就无法知道正确的结果，怎么断言？

以定义好的加法运算为例：

```
<pre>`(defn add [a b]
 (+ a b))
`</pre>
```

我们尝试把断言改成一个全称命题： 任取两个整数 a、b，a 和 b 加起来的结果总是 a，b 之和。借助 test.check，我们在 Clojure 可以这样表达：

```
<pre>`(def test-add
(prop/for-all [a (gen/int)
           b (gen/int)]
          (= (add a b) (+ a b))))
`</pre>
```

不过，我们把 add 方法的实现(+ a b)写入断言，这几乎丧失了单元测试的基本意义。换一种断言方式，我们使用加法的逆运算进行描述： 任取两个整数，把 a 和 b 加起来的结果减去 a 总会得到 b。

```
<pre>`(def test-add
(prop/for-all [a (gen/int)
           b (gen/int)]
          (= (- (add a b) a) b))))
`</pre>
```

我们通过程序陈述了一个已知的真命题。变换以后，就可以使用 quick-check 对多组生成的整数进行测试。

```
<pre>`;; 随机生成 100 组数据测试 add 方法
(tc/quick-check 100 test-add)

;; 测试结果
-&gt; {:result true, :num-tests 100, :seed 1477285296502}
`</pre>
```

测试结果表明,刚才运行了 100 组测试,并且都通过了。理论上,程序可以生成无数的测试数据来验证 add 方法的正确性。即便不能穷尽,我们也获得一组统计上的数字,而不仅仅是几个纯手工挑选的用例。

至于第二个问题,首先得明确测试是无法做到完备的。很多指导方法保证使用较少的用例做到有效覆盖,比如等价类、边界值、判定表、因果图和 pairwise 等。但是在实际使用过程当中,依然存在问题。举个例子,假如我们有一个接收自然数并直接返回这个参数的方法 identity-nat,那么对于输入参数而言,全体自然数都互为等价类,其中的一个有效等价类可以是自然数 1;假定入参被限定在整数范围,我们很容易找到一个无效等价类,比如-1。用 Clojure 测试代码表现出来:

```
<pre>`(deftest test-with-identity-nat
 (testing "identity of natural integers"
   (is (= 1 (identity-nat 1))))
 (testing "throw exception for non-natural integers"
(is (thrown? RuntimeException (identity-nat -1)))))
`</pre>
```

不过如果有人修改了方法 identity-nat 的实现,单独处理入参为 0 的情况,这个测试还是能够照常通过。也就是说,实现发生改变,基于等价类的测试有可能起不到防护作用。当然你完全可以反驳:规则改变导致等价类也需要重新定义。道理确实如此,但是反过来想想,我们写测试的目的不正是构建一张安全网吗?我们信任测试能在代码变动时给予警告,但此处它失信了,这就尴尬了。

如果使用生成式测试,我们规定:任取一个自然数 a,在其上调用 identity-nat 的结果总是返回 a。

```
<pre>`(def test-identity-nat
(prop/for-all [a (s/gen nat-int?)]
       (= a (identity-nat a))))
```

```
(tc/quick-check 100 test-identity-nat)

-&gt; {:result false,
:seed 1477362396044,
:failing-size 0,
:num-tests 1,
:fail [0],
:shrunk {:total-nodes-visited 0,
   :depth 0,
   :result false,
   :smallest [0]}}
`</pre>
```

这个测试尝试对 100 组生成的自然数(nat-int?)进行测试，但首次运行就发现代码发生过变动。失败的数据是 0，而且还给出了最小失败集[0]。拿着这个最小失败集，我们就可以快速地重现失败用例，从而修正。

当然也存在这样的可能：在一次运行中，我们的测试无法发现失败的用例。但是，如果 100 个测试用例都通过了，至少表明我们程序对于 100 个随机的自然数都是正确的，和基于用例的测试相比，这就如同编织出一道更加紧密的安全网，网孔越小，漏掉的情况也越少。

Clojure 语言之父里奇·海奇(Rich Hickey)推崇 Simple Made Easy 哲学，受其影响生成式测试在 Clojure.spec 中有更为简约的表达。以上述为例：

```
<pre>`(s/fdef identity-nat
   :args (s/cat :a nat-int?) ; 输入参数的规格
   :ret nat-int?                ; 返回结果的规格
   :fn #(= (:ret %) (-&gt; % :args :a))) ; 入参和出参之间的约束

(stest/check `identity-nat)
```

fdef 宏定义了方法 identity-nat 的规格，默认情况下会基于参数的规格生成 1000 组数据进行生成式测试。除了这一好处，它还提供部分类型检查的功能。

再谈 TDD

TDD(测试驱动开发)是一种驱动代码实现和设计的过程。我们说要先有测试，再去实现；保证实现功能的前提下，重构代码以达到较好的设计。整个过程就好比演绎推理，测试就是其中的证明步骤，而最终实现的功能则是证明的结果。

对于开发人员而言，基于用例的测试方式是友好的，因为它能简单直接地表达实现的功能并保证其正确性。一旦进入红、绿、重构的节(guai)奏(quan)，开发人员根本停不下来，仿佛遁入一种心流状态。只不过问题是，基于用例驱动出来的实现可能并不是恰好通过的。我们常常会发现，在写完上组测试用例的实现之后，无需任何改动，下组测试照常能运行通过。换句话说，实现代码可能做了多余的事情而我们却浑然不知。在这种情况下，我们可以利用生成式测试准备大量符合规格的数据探测程序，以此检查程序的健壮性，让缺陷无处遁形。

凡是想到的情况都能测试，但是想不到情况也需要测试，这才是生成式测试的价值所在。有人把 TDD 概念化为"展示你的功能"(Show your work)，而把生成式测试归纳为"检查你的功能"(Check your work)，我深以为然。

结语

回到我们写单元测试的两个动机上。

1. 驱动和验证功能实现。
2. 保护已有的功能不被破坏。

基于用例的单元测试和生成式测试在这两点上是相辅相成的。我们可以借助它们尽可能早地发现更多的缺陷，避免它们逃逸到生产环境。Thoughtworks 2016 年 11 月的技术雷达把 Clojure.spec 移到工具象限的评估环中，表明值得我们对它进行探究。

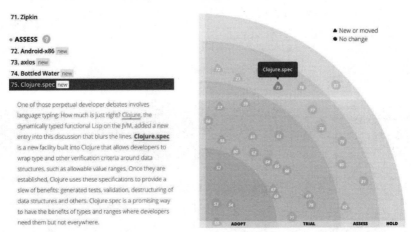

Clojure.spec 是 Clojure 内置的一个新特性，它允许开发人员将数据结构用类型和其他

验证条件(例如允许的取值范围)进行封装。这种数据结构一旦建立，Clojure 就能利用这种规格来为程序员提供大量的便利：自动生成的测试代码、合法性验证、析构数据结构等等。Clojure.spec 提供方法很有前景，它可以让开发者在需要的时候，就能从类型和取值范围中获益。

另外，除了 Clojure，其他语言也有相应的生成式测试的框架，不妨在自己的项目中试一试。

超越"审，查，评"的代码回顾

代码回顾(Code Review)应该是软件开发团队"共同学习、识别模式和每日持续"的过程，而不是带有"审，查，评"等令人感到紧张气氛的过程。

代码回顾的目的，是团队成员聚在一起共同学习，而不是相互"挑错"。在相互挑错的场合里，人的内心会本能地封闭起来，来抗拒那些针对自己的批评意见。相互挑错所造成的紧张气氛，会让程序员对代码回顾望而却步，从而情绪低落，这会让代码回顾的效果大打折扣。而人们常用的"代码评审"或"代码走查"这些代码回顾的称谓中所出现的"审，查，评"等字眼，会诱发"挑错"的气氛，所以我觉得还是把代码回顾称为"代码回顾"好一些。如果大家放弃"挑错"来"共同学习"，那么在代码回顾里要学习什么呢？

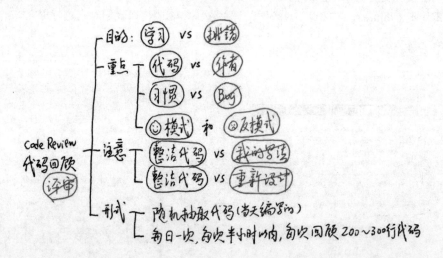

代码回顾的学习重点，是团队成员共同识别模式。这里的模式指的是程序员编写代码的习惯，包括"好模式"和"反模式"。像富有表达力的类名、单一职责的方法、良好的格式缩进等等，都是"好模式"。而像那些令人迷惑的缩写、几百行的一个类文件、负责的 if-else 嵌套等，都是"反模式"。团队成员通过阅读最近编写的测试代码和生产代码，来一起识别"好模式"和"反模式"，既是团队成员之间相互学习的过程，也是团队整体达成编写整洁代码共识的过程。

既然代码回顾的学习重点是识别代码编写的好模式和反模式，那么代码的作者就不是重点。在代码回顾的过程中，完全可以不提谁是代码的作者，而只提"好模式"和"反模式"，这样能让作者放松心态，更好地接受合理的建议。

既然代码回顾的学习重点是识别代码编写的好模式和反模式，那么在代码回顾中发现的 bug 也不是代码回顾活动的重点。老虎也有打盹儿的时候，谁不犯错呢？好模式和反模式，其实就是编程的好习惯和坏习惯。代码回顾应该侧重于识别编程习惯，而不是找 bug。

另外需要注意的是，一些高手在做代码回顾时，即使代码本身已经符合整洁代码的要求，他们也会不自觉地提出自己的不同写法，甚至会提出另一种全新的设计。高手们提出这些看法，虽然很有价值，但并不是代码回顾所关注的。高手们可以在代码回顾会后，私下再找作者沟通，使代码回顾会议更专注和高效。

代码回顾的形式，应该是每日持续进行的。因为只有这样，才能持续改进团队的代码编写水平。要想能让代码回顾每日持续下去，一方面要像上面讲的那样，不"审，查，评"，不针对作者去找 bug 来去除"挑错"的紧张气氛，营造"识别模式"来"共同学习"的环境，吸引团队成员长期参与；另一方面，也需要将每日代码回顾的时间控制在半小时以内。因为代码回顾的重点是识别模式，而模式就是习惯，习惯在很少的代码中就能体现出来。看过一些代码并识别出一些好习惯和坏习惯后，即使再看更多的代码，也不会识别出更多种类的习惯。基于这一点，每日的代码回顾仅需要在半小时内大家一起看 200～300 行随机抽取的当天写的代码就够了。

下面是我在客户现场实践上述代码回顾的具体做法。

1. 团队 7～8 位程序员，下班前半小时聚在会议室里，在一位主持人的引导下做代码回顾。

2. 主持人问："咱们今天回顾哪段新写的代码？"一位志愿者在投影仪上调出今天编写的一段代码的新旧对比图。

3. 主持人说："我们知道，如果代码编写得好，那么作者以外的其他的人就能在没有作者帮助的情况下读懂。我希望一位不是这段代码作者的志愿者，来为大家解释一下这段代码是做什么的。"一位非作者的志愿者上来逐行解释代码，并回答大家的疑问。

4. 主持人等代码解释完后，问大家："这段代码大家还有看不懂的地方吗？"如果有问题，包括作者在内的参会者都可以回答问题，但大家都不提谁是作者。

5. 大家都看懂代码后，主持人问："大家说说这段代码有没有好的编写模式咱们可以继续发扬？"最初几次代码回顾，好的模式很少。但是即使这样，也一定要找出一些好模式，比如"缩进很好""花括号的位置放得很好"，诸如此类。以后几次代码回顾，要尽量找那些被改正过来的曾经的反模式，比如"这段代码用到了方法提取，且命名富有表达力，改掉了昨天'长方法'的反模式"。只识别反模式，不识别好模式，会让代码回顾退化到令人生畏的代码审查，打消大家长期坚持的积极性。

6. 提完了好模式，主持人问："大家说说这段代码有没有可以改进的反模式？"大家开始提反模式。注意，不要提谁是作者。

7. 主持人在整个过程中注意计时，快到半小时的时候，可以这样结束代码回顾："今天时间也快到了，代码回顾的重点在识别模式，而不是看全部的代码。希望大家继续发扬今天识别到的好模式。另外在明天做代码回顾时，把今天识别到的反模式改进为好模式。"

把 Code Review 称作"代码回顾"吧，而不要称作令人紧张的"代码评审"或"代码走查"，把它打造成软件开发团队"共同学习、识别模式和每日持续"的过程， 以此来有效提升团队代码内在质量。[①]

不做代码审查又怎样

一切都从一次回顾会议开始。

---

① 更多详情可参见 Shawn Wildermuth 在 Pluralsight.com 上的培训视频 Lessons from Real World .NET Code Reviews，网址为 http://www.pluralsight.com/courses/exercise-files/dotnet-code-reviews-real-world-lessons。

"要不……我们不做……代码审查……试试？"还记得当有人抛出这个建议时周围同学的表情，那种表情用两个字加两个标点符号就可以形容："什么？！"

对了，先介绍一下背景，这是项目一次普通的回顾会议，我们正在讨论的是如何让代码审查更有效率、更有效果。我们做代码审查的方式比较简单直接，就是每日站会后，大家围在一台开发机周围，逐一轮换讲解昨天所有提交的内容，就像下图中的那样。还有，这是一个已经超过 7 年的比较大型的项目，代码审查是我们从项目开始就坚持的一个实践，所以当有人提议废除它的时候，这在很多同学心里是想都没想过的事情。

代码审查是一个很好的实践，可以帮助团队里的同学了解其他同学在做什么，可以分享项目的上下文，可以分享技术上的一些小魔法，可以发现很多潜在的代码缺陷，可以提高代码质量，还可以有很多很多好处……

但是，在真正的实施过程中，很多情况下并不像想象的那般美好，经常出现有些同学由于跟不上其他人讲解的速度(毕竟不是自己写的)，或没有相关的上下文(例如刚加入项目的新成员)，或由于提交没有经过很好的切分和组织，导致整个过程都处于游离状态(就像下图中的内谁……原生态，毫无摆拍痕迹)，而代码审查的效果也打了折扣，渐渐变成一个流程，一个过场，一个习惯。

⬆ 现实中的代码审查

于是团队里就有人站了出来，引导大家去发现背后的问题，也就引来了这样一场激烈的讨论。在讨论中，有些同学坚持在说代码审查还是很有用的，有这样那样的好处，需要保持下去；有些同学则非常实际地指出了执行上的各种困难和问题。讨论异常激烈，直到有人小心翼翼地提出了文章开头的那个建议，一片哗然后，大家都陷入沉思："是啊，不做代码审查了，我们会失去或是得到什么呢？"

沟通的收益和成本

在我看来，代码审查所暴露出的问题本质上就是如何权衡沟通的成本和收益问题。

在软件开发过程的发展中，无论是从一开始的瀑布，后来的敏捷，还是当下的精益，都有很大一部分是在强调沟通或者说是强调沟通方式的演进，都是为了解决已有沟通方式所带来的各种限制和问题。

例如在我们自己的项目中就采用以下的实践来促进团队内外的沟通，包括迭代计划会(Iteration Planning Meeting)、每日站会(Daily Standup)、代码评审会(Code Review)、回顾会议(Retrospective Meeting)、XP 中的结对编程(Pair programming)和现场客户（On-site Customer）等。

而沟通的好处是可以得到快速的反馈，无论是 20 世纪 80 年之前就出现的 PDCA 环还是前两年大热的精益创业，都是在强调快速反馈和基于反馈的快速迭代，通过这种方式来消除生产和创业过程中造成的各种浪费。

但是(对，又是但是……)，沟通也是有成本的，而且成本一般都不低。相信这也不需要多解释，大家肯定都经历过各种各样效率极低令人抓狂的讨论和会议。

沟通的成本和收益同时摆在我们面前，如何做出选择？如何才能设计一套刚刚好的沟通体系，可以平衡收益与成本来满足团队和项目的需要呢？

沟通金字塔

在阅读《重构》的时候，我深深地体会到这个世界上没有什么是不变的，包括变化本身。所以，要想得到解脱，我们就需要从简单的对与错，好与坏的漩涡中跳出来，用变化的眼光来看待周围的事物，并做好一直变化的准备。

而面对沟通成本与收益的选择困境时，我第一个想到的就是测试金字塔。了解测试金字塔的同学肯定都知道，测试金字塔是一个很好的工具，它帮助我们从单一的测试选择困境中跳出来，将各种不同类型的测试建立起关联并纳入一个统一的体系，从而让我们可以在一个更高的维度来系统地思考和审视每一种测试的策略，关注点也从简单的"该不该"变为"如何变化"。

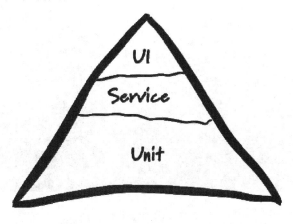

↑ 测试金字塔

至于"如何变化"？我们可以通过在金字塔上添加一层新的测试种类来弥补整体测试策略中粒度太粗的问题；也可以根据项目情况通过移除一层测试种类，用其上层或是下层的测试来覆盖其测试用例，以此来减少成本；也可以通过将某个测试用例在金字塔中向上层或是向下层移动来寻找收益与成本的平衡。

举个实际点儿的例子，例如我可以将一些基于 UI 的集成测试用例下移，用成本更低的单元测试来覆盖从而减少成本，加快反馈速度；也可以将一个单元测试用例上移，用基于 UI 的测试来增加其稳定性和体现的业务价值。

看，我们讨论的内容从简单的要不要写 UI 测试、需要写多少单元测试测试已经被转换到对于整体策略的变化和调整上来了。那对于代码审查的问题能否也通过金字塔这个工具转换到更大的空间上寻求突破呢？这就是沟通金字塔。

相比于测试金字塔中的 UI－Service－UT，Iteration Planning Meeting—Code Review—Pair programming"就可以类比成沟通金字塔，和测试金字塔一样更靠近金字塔顶端的(例如迭代计划会)沟通频率越低，成本越高，但越接近业务；越靠近金字塔底端的(例如结对编程)沟通频率越高，成本越低，越接近实现。这几种不同的沟通方式所沟通的内容肯定也会有所重叠，通过将各个层次的沟通方式进行组合来保证我们团队的整体沟通质量，就像通过金字塔中的各种测试层次的组合来保证产品质量的一样。

↑ 迭代计划会计

↑ 结对编程

如果可以这么类比的话，那我们对于沟通质量的管理也应该是动态的、系统的并从整体上出发的。例如，可以通过在沟通金字塔中添加一层新的沟通机制来弥补沟通粒度过粗的问题，例如 QA 团队现在在做的每周例会就是一个好的例子；也可以将一些沟通内容通过层次(上下)的调整，甚至是通过直接减少一层沟通方式来优化我们的整体沟通效率，例如我们可以通过增加结对编程的切换频度来替换掉成本更高的代码回顾。而目标就是通过不断地动态调整和优化沟通结构，试图寻求一个沟通成本，沟通收益，沟通效率平衡的沟通环境。

回到问题上来

如果沟通金字塔的理论说得通，代码评审就不再是一个 "必须要做的敏捷实践"，而只是沟通金字塔上的一层而已。那它的存在必然是为了弥补上下层沟通之间的空隙，这个空隙到底是什么呢？是什么样的沟通结对编程所不能覆盖而用类似于迭代计划这种更高层的沟通机制覆盖又不太经济的呢？为了让团队重新找回这个答案，我们最终决定试一试：停止代码审查一个月，在这一个月的时间我们去体会没有代码审查的得与失，在一个月之后重新举行回顾会议再来讨论是否要继续做代码审查。

在一个月后如期进行的回顾会议上，团队又重新讨论了这个议题，最终觉得通过这一个月的尝试，在还无法做到更频繁地切换的情况下，代码审查还是很有必要的。例如在这个月中，大家对其他人在做的工作了解变少而导致集成出现了很多冲突；缺陷的数量也有所增加，其中有些是很明显的错误，很容易通过代码审查的方式发现并在前期消除；代码质量也有明显下降，出现了测试的缺失和很多代码坏味道。

而另一方面为了让代码审查能够真正发挥其作用和价值，经过讨论，我们也优化了代码审查的方式，让大家更有参与感，更有效率，也更有乐趣。

↑ 优化代码审查之后

交付价值高于遵循实践

日本剑道有个心诀，叫"守破离"："守"，最初阶段须遵从老师教诲，认真练习基础，达到熟练的境界；"破"，基础熟练后，试着突破原有规范让自己得到更高层次的进化；"离"，在更高层次得到新的认识并总结，自创新招数，另辟出新境界。

"守"固然重要，但如果不能在"守"的基础上寻求突破，领会其中的奥秘和背后的道理，则始终无法达到离的新境界。在中国的武术中也有"无招胜有招"的说法，这里的无招就是指在将招数融会贯通之后，能够运用招式背后的原理，打破招数的限制，随机应变，自由应对。

而反观我们自己，是不是已经慢慢在不知不觉中受困于"守"的围城之内，变成了猴子定律中最后那群猴子，只知道去拿香蕉会被打，也会跟着其他猴子去打那些试图拿香蕉的新猴子，但为什么要这么做？我们已经忘了，或从来就没有知道过。

所以，不要以为遵循了敏捷提倡的一些实践我们就是敏捷的，不要以为遵循了精益的实践我们就是精益的。在我们没有理解并追求其背后真正价值的时候，只不过是平添另外一份成本而已，不如不做。

敏捷实践之提前验收

在推广敏捷的过程中，虽然 Thoughtworks 有过很多应用的经验，但是当我们把一个实践介绍给其他人，总会遇到为什么要这样做的问题。在带领大家做之前，口头上的介绍和说服工作是必不可少的，毕竟这个过程可以帮助团队成员打消疑虑，树立信心，建立目标。等到团队的每个成员都理解这个实践的意义，对实践的执行就能很容易达到要求。否则，团队执行的人很难心悦诚服地执行，导致这一环节会很快被大家无视而慢慢消亡。

说起来，提前验收是一个非常简单的事情，但是越简单的东西，越难以引起团队成员的重视。下面我会通过之前参与过的一个项目的总结，来分析一下我们没有做提前验收的时候产生的浪费，以及各参与角色在一个标准的提前验收中的职责。

我们先来看看在没有这个环节的情况下，一个 issue 从这里启程进入下一阶段会产生多大的破坏力和消耗团队多少生产力。

开发人员在完成开发工作后，测试打包包含这个 issue 的应用，冒烟测试需要一定时间，因为冒烟测试主要包含以往功能的主干测试，也许包含你刚开发的功能，但是基于你的理解可能也是错误的测试，所以这个测试运行完肯定是通过的。(我们的产品打包和运行完冒烟测试需要至少 15 分钟。)

问题随部署进入测试阶段。我们通过 pipeline 部署需要 30 分钟。

测试人员需要准备测试环境(OS 和测试日期)，很多时候测试数据在使用之后就不能再用了，除非有完善的脚本。有时候有些功能跟时间或者日期相关，半个小时或者第二天就会失效，比如一些排期作业，下次也需要重新创建。

然后测试人员执行测试：场景 1，2，3，4，5，6。我们在执行到场景 5 的时候发现了这个问题，之后停止测试将问题提交 bug 追踪系统。

问题需要经其 PM 或者 PO 等干系人分析，排定优先级之后，返回开发团队。此时之前工作在包含此 issue 的功能的那对开发人员已经工作在其他的任务上了，不管是等待当事人来修复还是找空闲的人员来修复，都需要一定的等待时间或者了解上下文的时间。

当此 issue 成功被修复之后，测试人员仍然需要准备测试数据，重复测试场景 1，2，3，4，5，6。这样才能确保这个功能在所有的情景下满足需求，而不可能从上次出问题的场景开始。

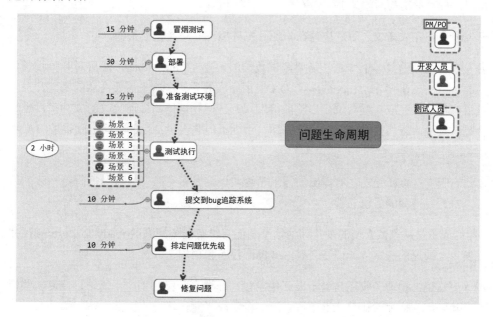

如果有提前验收，这个流程会变成什么样子呢？

我们不需要跑 Pipeline 进行部署，发现的问题不需要提交到 bug 追踪系统，所以也不需要后期的 bug triage。

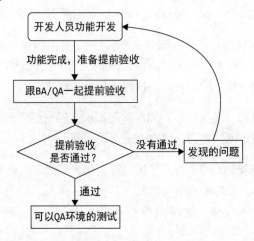

如果同样的 issue 在提前验收的过程中被发现，开发人员会马上开始修复这个漏洞并为之创建测试，保证此问题不会再次发生。

所以，标准的提前验收该怎么做？

开发人员在完成需求之后，快速在本地开发环境建立功能验证条件。

开发人员要做的具体工作是：需要测试数据的，建立 mock data；然后对照验收条件(Acceptance Criteria)给团队的 BA、QA 展示完成的功能。这里需要注意的是，开发人员最好自己先完成一遍测试。自测能够发现一些问题，提高提前验收的成功率，也吻合越早发现问题修复的代价越小的原理，否则不但耽误了自己的时间也耽误了 BA 和 QA 的时间。

BA 的职责是验证开发之前提出的需求是否实现，是否有跟开发人员理解不一致的地方，是否有遗漏的需求。

QA 的职责是从测试人员的视角评估这个功能有没有准备好测试(ready for testing)，并且做一个快速的测试，验证是否有 Sad Path 没有考虑周全。

不管怎么说：提前验收还是处于发展中阶段，在这个阶段矫正一下需求，修复一些快速的缺陷，这样才能让功能准备进入下一个阶段"测试环境的测试"。

之前一直错误地理解提前验收是我们开发流程的一部分，是流程上的一个要求。但是结合最近项目的实践和敏捷宣言的理论，意识到提前验收实际上是践行了宣言的第一条：个体之间的合作，而且合作比流程更重要。提前验收同时也体现了反馈在敏捷开发中的作用，及时的反馈能够尽早纠正工作的偏差，让我们能够一直朝着正确的方向前进。

让我们再聊聊 TDD

最近几年，"TDD 已死"的声音不断出现，特别是大卫·海因默·汉生(David Heinemeier Hansson)那篇文章"TDD is dead. Long live testing"引发了大量的讨论。其中最引人注目的是贝克·福勒和大卫(Kent Beck、Martin Fowler 和 David)三人就这个举行的系列对话(辩论)，标题为 Is TDD Dead?

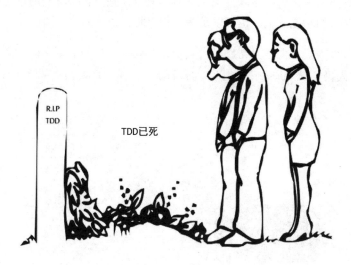

当前国内对 TDD 的理解十分模糊，大部分人也没有明确和有意识地去实施 TDD，因此许多人对此都有着不同的理解。

其中最经典的理解就是基于代码的某个单元，使用 mock 等技术编写单元测试，然后用这个单元测试来驱动开发，抑或是帮助在重构、修改以后进行回归测试。而现在大部分反对 TDD 的声音就是基于这个理解，比如下面这些。

- 工期紧，时间短，写 TDD 太浪费时间。
- 业务需求变化太快，修改功能都来不及，根本没有时间来写 TDD。

- 写 TDD 对开发人员的素质要求非常高，普通的开发人员不会写。
- TDD 推行的最大问题在于大多数程序员还不会"写测试用例"和"重构"。
- 由于大量使用 Mock 和 Stub 技术，导致 UT 没有办法测试集成后的功能，对于测试业务价值作用不大。
- ……

总结一下，技术人员拒绝 TDD 的主要原因在于难度大、工作量大以及 mock 的大量使用导致很难测试业务价值等。

这些理解主要建立在片面的理解和实践之上，而在我的认知中，TDD 的核心是先写测试并使用它帮助开发人员来驱动软件开发。

首先是先写测试，这里的测试并不只是单元测试，也不是说一定要使用 mock 和 stub 来做测试。这里的测试就是指软件测试本身，可以是基于代码单元的单元测试，可以是基于业务需求的功能测试，也可以是基于特定验收条件的验收测试。

其次是帮助开发人员，主要是帮助开发人员理解软件的功能需求和验收条件，帮助其思考和设计代码，从而达到驱动开发的目的，所以 TDD 包含两部分：ATDD 与 UTDD。

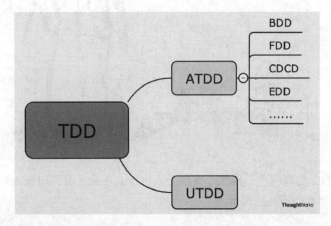

ATDD(Acceptance Test-Driven Development)，验收驱动测试开发，首先 BA 或者 QA 编写验收测试用例，然后 Dev 通过验收测试来理解需求和验收条件，并编写实现代码直到验收测试用例通过。

由于验收方法和类型也是多种多样的，所以根据验收方法和类型的不同，ATDD 其实是包含 BDD(Behavior-Driven Development)，EDD(Example-Driven Development)，

FDD(Feature-Driven Development)和 CDCD(Consumer-Driven Contract Development)等各种的实践方法。

比如，以软件的行为为验收标准，是 BDD；如果以特定的实例数据为验收标准，是 EDD；如果以 Web Service API 消费者提出 API 契约来驱动 API 提供者开发 API，是 CDCD 等。所以，ATDD 的具体实现需要结合项目的实际情况来选用适合的验收测试方法与类型。

UTDD(Unit Test-Driven Development)：单元驱动测试开发，首先 Dev 编写单元测试用例，然后编写实现代码直到单元测试通过。这个就是现在很多人所谓的 TDD、实践的 TDD、喜欢的 TDD、抱怨的 TDD，但是它却只是真正意义上 TDD 的一部分而已。

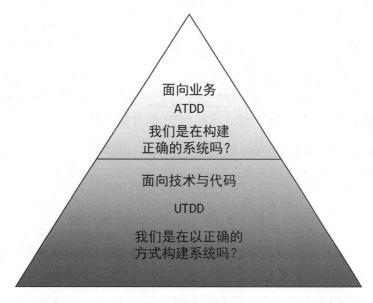

↑ TDD 金字塔

再来看看大卫的文章 "TDD is dead. Long live testing"，他的主要观点是 TDD 大量使用 mock，导致无法测试软件连接了数据库之后的功能，进而无法测试其业务价值。

其次他提出应该使用"测试永生"(Long live testing)，而他并没有说明这种测试应该是在编写代码之前还是之后写，以及会不会用来作为客户对于软件的验收标准。如果他没有这样做，那他只是使用"测试永生"(Long live testing)来做回归测试；如果他做了，那么他也是使用了 ATDD，从而使用了 TDD。

所以他对 TDD 的理解还是狭隘的，认为 TDD 只是 UTDD，导致他写了这篇文章来批评 TDD。有可能他在现实工作中已经使用了 ATDD，也就是 TDD。

最后来看他们三人关于"TDD 已死"的辩论，我觉得他们说的都有道理，并且也是合理的。原因是他们的背景和行业不同，本来对于不同的行业和不同的背景就应该选择适合的测试驱动方法(有可能不一样)。

首先来看看贝克(Kent Beck)，他在 Facebook 工作，出版过很多书，可以定位为一名在大型 IT 公司工作的软件思想家。其次是大卫，一个标准欧洲帅哥，ROR 创造者之一，Basecamp 公司的创始人和 CTO，Basecamp 是一个只有几十个人的小型软件公司，所以他可以定位是创业者和技术牛人。

贝克所在的公司开发的是大型复杂业务软件(Facebook 平台)，代码量巨大，需要长时间(几年)大量人员(几十甚至几百)来开发和维护。DHH 开发的中小型企业软件(比如 CRM)，代码量一般，需要快速(几个月)、少量人员(几个到十几个)开发和维护。

贝克在金钱和人力资源相对充足、时间相对充裕的情况下追求的是代码质量，大量人员的良好协作与平台稳定。DHH 却在金钱和人力资源相对较少情况下追求最大化客户业务价值，使得少量人员能快速开发出软件并卖给客户赚钱。

所以，在贝克(Kent Beck)所在的环境下，单元测试(UTDD)是非常有价值的；而在 DHH 所在的环境下，功能测试或者 ATDD 却更为适合。

国内很多人对于 TDD 的狭隘理解还源于很多网上的中文资料，百度百科对于 TDD 的解释就是其中一个：

> "TDD 的原理是在开发功能代码之前，先编写单元测试用例代码，测试代码确定需要编写什么产品代码。TDD 虽是敏捷方法的核心实践，但不只适用于 XP(Extreme Programming)，同样可以适用于其他开发方法和过程。"

而国外有不少站点上的资料是对于 TDD 是有正确理解的，比如下图是一个敏捷调查表。从其中的我们选择测试驱动开发(TDD)就能发现其对 TDD 的理解就是包含 UTDD 和 ATDD。

TDD 不是银弹，不要期望它能轻易解决你的问题，无论是 UTDD、EDD 还是 BDD，根据自己项目的实际情况(比如资金、人力资源、时间、组织架构等)进行合理的选择。

你的团队运用哪些策略验证他们的工作？请选择适用的策略

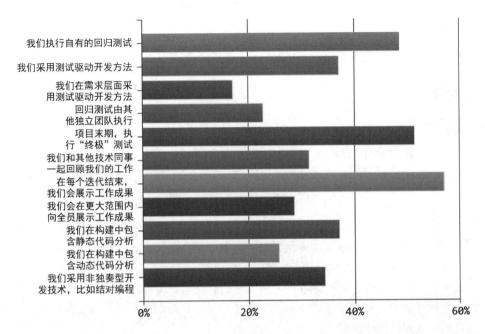

关于 TDD，也希望大家重新理解一下，重新思考和尝试一下，然后你会有新的发现。

TDD 并没有死，死的是你的持续学习、思考、实践与总结。当前，国内很多软件开发人员对于 TDD 的理解比较模糊，大部分人也没有明确有意识地实施 TDD，因此很多人都有着不同的理解。

结对编程的正确姿势，你学会了吗？

极限编程的各个实践已经广为人知，也颇具争议，我听到最多的话题当属结对了：

"我的小伙伴总拿着键盘不放，只听过麦霸，来到骚窝竟然还有键霸！"

"我总算明白为什么面前会有两个键盘子了，如果再给我一次机会(请用湖南话脑补)"

"我不知道我的小伙伴在做什么，我跟不上，很沮丧，要不，玩会手机算了。"

"我的小伙伴特别忙，有时候一天也找不到，我怎么办……"

"我的小伙伴是个急性子，总说'XX 你做的太慢了，客户着急要，还是我来做吧'"……

结对时，你的小伙伴碰到这样的问题怎么办呢？当你遇到键霸、手机哥和上网君的时候，怎么破呢？

在展开之前，让我们先来回顾一下结对编程的前世今生是什么。

结对编程

极限编程首次被用于(当时 Smalltalk 领域的大师级人物)肯特·贝克(Kent Beck)1996年受聘领导克莱斯勒公司一个综合工资项目开发 C3(Chrysler Comprehensive Compensation)中首次采用，并在 1999 年 10 月出版的《解析极限编程》一书中被正式提出。我们今天要讨论的结对编程则是其中一项核心实践。

极限编程中的"极限"(Extreme)是指将我们认同的有效软件开发原理和实践应用到极限，如"如果集成测试很重要，那就要在一天中进行多次集成，并且反复进行回归测试"，所以我们要做持续集成。结对编程在提出时更多的是强调"如果代码评审很好，那么我们就一直进行代码评审"，所以我们要做结对编程。简单讲，结对编程就是由两个程序员用同一台电脑完成同一个任务，由一个人负责编写代码，另一个负责审查代码，从而能够时时刻刻的进行代码评审。

但问题来了，原先一个人工作，现在两个人了。"原来我自己写就好了，现在多一个人我还要给他讲，多浪费时间啊！""我也讲不明白，我就是喜欢写代码而已，别逼我！"(请自动脑补一个新人和一个不耐烦的老手一起编程的感觉)这让我想起美国ATT 公司贝尔实验室的 C++之父比雅尼·斯特拉斯特拉普博士(Bjarne Stroustrup)说过的一句话：

> "设计和编程都是人的活动。忘记这一点，将会失去一切。"

从极限编程诞生到今天的 26 年历史中，如果说持续集成是应用最广泛的一个实践，那么我认为结对编程则是最具争议的实践(没有之一)。其实这也间接印证了当时肯特·贝克(Kent Beck)提出的关于"极限编程是一种社会性变革"的说法。在现代互联网如此多变和快速响应的软件行业趋势下，事实已经证明软件从此不再是一个人单打独斗的工作，而是要求越来越多的多角色多任务的协作。软件行业的工作者必须要有比以往更多的沟通和协作技巧。而这对于习惯了一个人的软件开发者而言是一个巨大的挑战，必然要有一个改变和适应的过程。这也是为什么结对编程会成为最具争议的实践。文章开头的那些现象都是一个人改变做事行为的必然过程，不信你去问一问那些老一点的 ThoughtWorker，哪一个没有经历过"从抢不到键盘到键霸，又从键霸到键盘无键，键在心中"这样一个过程？

那么，结对编程除了审查代码提升代码质量，还给我们带来哪些好处呢？

结对编程的好处

1. 培养新人，促进沟通，提升团队整体能力。

通过结对，年轻的团队成员可以向其他小伙伴学习，包括快捷键、算法、语法、SQL、设计、解决问题的思路、做事方式等，1 对 1 面对面师傅带徒弟式的学习是新技能最快的方式之一。

2. 更好的知识共享和信息交流，促进团队协作。

结对中可以互相分享代码的上下文，交换对代码的理解，促进质量改进和团队协作，同时也使得代码集体所有制成为可能，减少团队对某些成员的依赖，降低团队风险。

3. 促进团队成员的沟通，提升团队凝聚力。

通过结对，成员间彼此熟悉，增强了解，从而能够更好地协作完成任务。

如何进行结对？

为了达到结对的目的，保持结对有趣持续进行，通常根据结对的双方经验不同和场景分为下图所示的多种角色和合作模式。

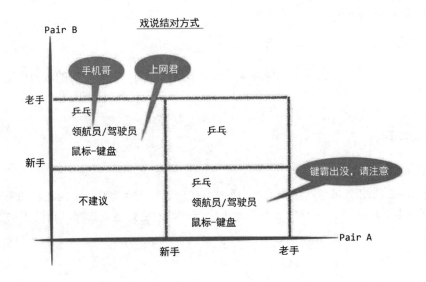

1. 领航员和驾驶员(Driver-Navigator)，键霸出没，请小心

驾驶员编写实现当前任务的代码，而领航员需要引领代码的编写并负责审查代码。除此之外，领航员通常还要考虑当前的实现方法是否正确，是否有别的做法，它是否会影响到其他功能模块，下一步是什么。驾驶员的主要任务是跟上领航员，负责完成代码的编写，保证代码质量。需要特别指出的是，微小的语法错误，多一个空行等错误，IDE 会帮助我们纠正，是驾驶员关注的职责，而领航员只需进行提醒，结对时无需将此作为主要关注点。

合作场景：适应于各种组合，尤其一老一新组合。

2. 乒乓模式

这里需要提及极限编程的另一实践：测试驱动测试。结对双方可以一个人编写失败的测试，一个人写实现通过测试；然后交换角色，不断循环。对于结对双方经验相当的情况下，由于交互和交换的频率很快，就如打乒乓一般，所以人们戏称这种方式为结对的乒乓模式。

合作场景：适用于各种组合，尤其是双方经验相当的场景。乒乓模式由于它的角色分工清晰，交换频率相对较快，所以乒乓模式可以帮助精力不集中的小伙伴快速融入，也是避免键霸出现的一个很好的方式。

3. 鼠标和键盘模式

这是驾驶员和领航员的一种具体表现方式，其中一方使用鼠标，是领航员；另一方使用键盘完成代码的编写，是驾驶员。

合作场景：适用于一老一新组合。

有统计结果显示，好的结对工作效率是大于单兵作战的，能用较少的时间产生高质量的代码。那么为了保证结对的高效和高质量，我们还需要注意哪些呢？

几点提示

1. 多沟通

由一个人的工作变成了两个人的事，小伙伴之间就要彼此尊重，多沟通。如果有其他的任务要暂时离开，请及时告诉你的小伙伴，以便更好地安排好各自的工作，保证效率。

2. 确定开发任务列表

结对除了沟通，另一个挑战就是如何保持结对双方共同的开发节奏：一个小伙伴在做A功能，另一个小伙伴要做B功能。结对双方通过协商开发任务列表，能够提高对开发任务理解的一致性，确保开发节奏顺利进行。

3. 定期交换小伙伴

定期交换小伙伴可以使得知识得到充分分享，每个小伙伴都有机会充当不同的角色，了解不同的知识上下文。与此同时，新的小伙伴的加入往往可以激发新的解题思路，或帮助发现问题，同时也增加结对的乐趣。

4. 可持续的结对工作

真正的结对会比一人工作更专注，紧凑，所以一天8小时的结对会很累，因此结对需要定时的休息，保持合理的节奏。可与结对的小伙伴一起协商休息时间，比如一个小时或两个小时休息一次，从而保证可持续的工作。

5. 多给新人机会

与新加入的小伙伴结对，需要耐心，多给予她/她上手的时间与空间。通常建议开始时多讲解，多展示，给她/他学习的机会；比如一开始可以由熟悉代码的小伙伴写测试，而新加入的写实现；随后可采用鼠标键盘方式或者乒乓结对方式。

6. 勇敢加勇敢

对于新加入的小伙伴，如果跟不上怎么办？要勇敢地叫停，打断结对的小伙伴，弄懂这个问题，这样做才是达到了结对的目的。曾经有人说我记下来回家去弄懂，我更建议及时弄清楚。就如前面提到的，结对是一个快速让自己学习和成长的机会；而且你的小伙伴通过讲解也会梳理自己的思路，能够更深入的理解这个问题或技术，互助互学。如果这个问题发现项目中其他成员也不懂的，那么我们还可以将这个对话扩展开来，分享给整个团队，提升团队的战斗力，所以更推荐及时解决，当然，深度需要把握得当。

如果结对的时候遇到键霸怎么办？作为新人自动消除键霸光环，勇敢地把鼠标默默递过去，把键盘牢牢握在自己的手中："亲，辛苦了，让我试一下，我来！"

7. 反馈

就如戴明环一样，做事情的环要闭合，有始有终，有序循环螺旋式改进。反馈往往是最后一环，也是最有效的一环，是帮助自己和结对小伙伴的必要工具之一，温暖的"小黑屋"是可以经常光顾的。

8. 不是所有的场景都适合结对

对于那些结果需要维护，能够促进沟通、知识传递等价值的开发行为，都建议结对。诸如方案调研和一些非常简单的问题(微小的缺陷修复如拼写错误)等是可以不用结对。

结语

结对并不阻止个人的独立思考，它带来了诸多软件协作的好处，但结对也不是所谓的坐在一起就可以了。结对不是一成不变的，需要根据目前的任务来灵活确定是否适合结对。 我认为，想要做好结对，首要的是有效沟通。

有一首打油诗说得好：

> 好结对成长快，互相监督与学习，感情信任日日增。
> 坏结对伤害大，手机上网人心离，团队早晚要散伙。
> 新人们不要怕，键盘牢牢握手中，勇气反馈早成长。
> 老人们不着急，系统把控在心中，沟通分享影响大。

有了这些"姿势"(知识)之后，前面开篇那些问题你是不是已经有答案了呢？

第 6 章

基于效能和周期时间的持续改进

本章将从三个方面来讨论如何基于效能和周期时间来时行持续改进：看板和利特尔法则；点的估算；高效回顾会议的七步议程。

看板和利特尔法则

利特尔法则(Little's Law)作为一个非常朴素的原理，为看板方法奠定了一个理论基础，看似简单的公式背后却有其复杂的一面。

1. 利特尔法则

利特尔法则的公式是这样的：

$$平均吞吐率 = 在制品数量 / 平均前置时间$$

举个例子，假设你正在排队买快餐，在你前面有 19 个人在排队，你是第 20 个，已知收银窗口每分钟能处理一个人的点餐需求，求解你的等待时间。

如果你已经决定要排队，并且站到了队尾，那么在制品数量就是 20(个)，平均吞吐率是 1(人/分钟)。

从你站到队尾的时候开始，一直到你点完餐，这个时间就是你的"前置时间"。

即使我们没有学过利特尔法则，也可以轻易算出来：

$$1 = 20 / x$$

$$x = 20 (分钟)$$

因为在一段时间之内，保持工作量饱满的话，我们每天能做多少工作基本是一定的，所以吞吐率基本上不会发生太大变化。

如果这个时候我们想缩短平均前置时间，也就是等待的时间，利特尔法则告诉我们，可以通过减少在制品数量来达成这个目标。

在这个例子中，就是减少排队者的数量。

这也很好理解，10 个人的队列和 20 个人的队列，前者需要等待的时间会更短。

2. 限制在制品的意义

如前面所说，在制品数量和前置时间是成正比的，缩短前置时间的最有效手段就是减少在制品数量。

前置时间的增长会导致交付周期变长，这一点基本毋庸置疑。

前置时间的增长会导致交付的可预测性下降，俗话说"夜长梦多"，长时间停留在某一个阶段会带来一些额外的风险。

如果我们的交付周期比需求变化周期更长，那么会有更多的紧急任务，所以交付周期变长会导致更多的紧急任务。

如果管理不好紧急任务的插入，会增大我们的在制品数量。

如果交付团队的可预测性很低，会影响到 IT 研发组织和业务部门的信任关系，当业务部门无法预测一个需求提交给研发部门什么时候能交付的时候，唯一可行的手段就是一次性把要做的事情全部都压给研发部门，直接增大研发部门的在制品数量。

同时，在制品数量的增长会带来的另外一个后果就是故障发现得很晚，这一点在过去三四十年的软件工程方法论中都得到了验证。

发现的故障需要资源和时间来进行修复，带来的就是在制品数量的上升和前置时间的增长。

以上所有事情我们放到同一张图中，可以看到下图所示的情况，实线表示两者之间存在因果关系，同时还是正比的，因增大，果也会增大。虚线表示两者之间存在的因果关系是反比的，因增大，果会减小。

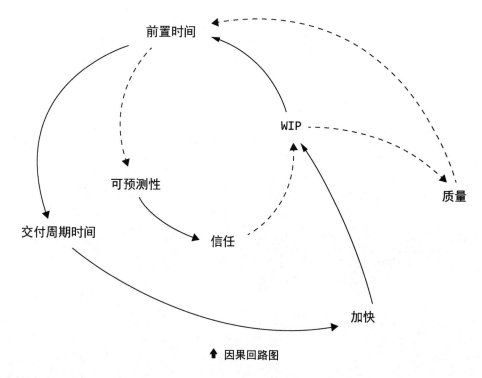

↑ 因果回路图

在这众多因素之中，只有在制品数量是我们能够最有效直接加以干预的。而只有前置
时间我们是可以直接观测的。

就像我们正在开车一样，踩油门的时候，速度表会发生变化，从 60 迈到 100 迈，但
我们真正关心的并不是仪表盘的变化，而是汽车真正行驶的速度。

所以，我们采用控制在制品数量的手段，通过观测前置时间的变化来观察我们的改进
是否有效，但更重要的是整个系统是否正在向着更好的方向迈进。

3. 在制品数量是不是越低越好

我们用直觉感受一下，在制品数量如果越低越好，那限制到 1 怎么样？限制到 0 呢？

很显然，在制品数量如果过低的话，团队成员可能会产生空闲的现象，很大一部分产
能会被浪费掉，那么在制品数量限制到多少是最合适的呢？

我们都知道，一个任务如果 2 周能完成，两件任务串行，需要的时间是 4 周，但两件
任务并行，绝不是 2 周能完成，有可能 5 周的时间都完成不了，所以直觉上在制品数
量过高也不能带来产能的上升。

所以一个朴素的原则就是，团队中每个人在任意时刻，手中只有一件事的时候，效率是最高的。团队的在制品数量低于这个值，会造成产能的浪费，如果高于这个值，会造成前置时间的变长。

我们再用定量的方式模拟一下。

假设我们有一个三阶段的开发流程：分析、开发和测试，平均每张卡片需要 4 天时间分析、5 天时间开发、6 天时间测试。

为了简化计算，我们把分析、开发、测试三个阶段设一个总的在制品数量限制。

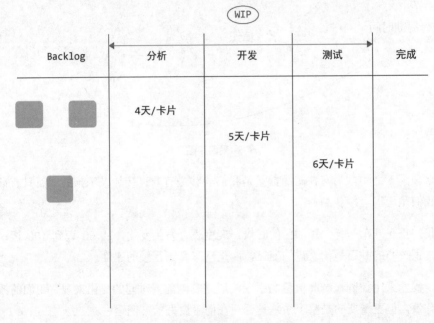

↑ 模拟看板

当我们有 1 个分析人员、1 个开发人员、1 个测试人员的时候，会得到下面这个结果：

WIP	平均前置时间	平均产能	WIP	平均前置时间	平均产能
1	15	0.07	6	35	0.16
2	15	0.13	7	41	0.16
3	18	0.16	8	47	0.16
4	24	0.16	9	52	0.16
5	29	0.16	10	58	0.16

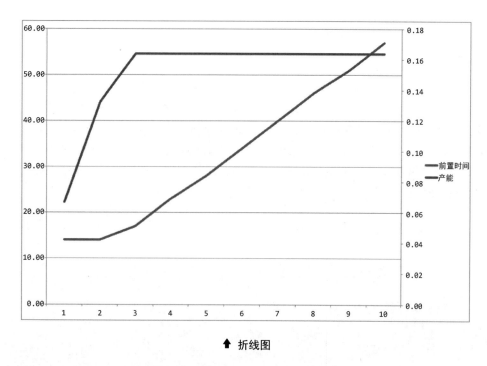

⬆ 折线图

折线图这个实验可以重复，有兴趣的同学可以写代码重复一下。

结语

1. 减少在制品数量可以缩短前置时间，但前置时间的缩短是有极限的，就像我们不可能让 10 个女人在 1 个月之内完成怀孕到生产整个过程一样。

2. 增加在制品数量可以提升平均产能，但平均产能的提升是有极限的，1 个人每天 8 小时的产能再想提升只有加班加点。

3. 最短的前置时间和最大的平均产能不可并存，在"平均每人手头有一件事"的时候，在制品数量稍微小一点，可以达到最短的前置时间，在制品数量稍微大一点，可以达到最大的产能。至于各个组织如何选择，要看自己的需求。

点之殇

作为 BA，估算会议是我目前所在项目的日常工作之一，其目的是对近期即将开发的 Story 进行大小的预估。组织了几次估算会议后，我发现会议常常超时很久，Team 会花大量时间去讨论估计结果是否足够准确。实际上既然是估算，就意味着误差，那么花过多的时间在确保准确性上很可能意味着浪费时间。下面的曲线根据《敏捷估算与计划》一书作者迈克·科恩(Mike Cohn)的经验所得，进一步说明了这个结果：当估算会议用时超过一定时长后，其准确度反而下降了。

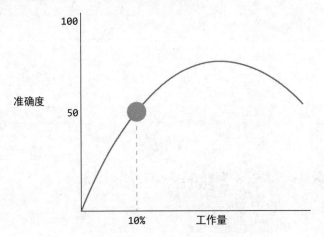

↟ 在特定点之后，在估算中投入额外的工作量不会产生多少价值

道理我都懂，可是……

既然如此，为什么在估算时，Team 依然倾向于谨慎一些，再花时间"多想想"？让我们去回顾日常工作的一些场景中，看看能否找到一些可能的答案。

> "在咱们项目，1 个点的 Story 大概需要花费一对 Dev 两天的时间来完成。"
>
> "这个 Story 虽然简单，但是 AC 很多，工作量大，2 个点恐怕做不完。"
>
> "这个 Story 是 2 个点的，已经做了 5 天了，已经超一天了。"
>
> "这个 Story 估小了，重估吧，否则 Velocity 会下降。"
>
> "这批 Story 整体都估小了，总是超时完成，Team 估点还是不

够准。"

"这个月的 Velocity 下降了，我们需要多计划几个 Story 进来。"

读一遍这些曾经出现过的相关对话，我们不难发现，Story 的估点结果总是跟另外一个词紧密联系在一起：Velocity(效能)。

"速度"是隐藏在"估点不准"这个担忧背后真正的压力。我们意识到 Team 每次伸出手指，不再是单纯的示意一个估算结果，而是变成了一个承诺："当给出两个点的结果时，意味着我承诺了在 4 天内完成它，我必须更谨慎些。"

这是一种解释，也是另一个疑问的开始：如果 1 个点=2 天，那么故事点和传统项目管理中的"人天"有什么区别？使用效能的初衷真的是作为敏捷团队生产率表现的小鞭子吗？如果是这样，如此使用效能作为敏捷的一项实践工具，是否违背了敏捷思想更多在于提升团队应对变化的响应力而非纯粹提高效率的价值取向？

敏捷实践引入效能的初衷是什么？

带着上一小节留下的一系列问题，我们首先来看一看 Velocity 在敏捷实践中的定义是什么，维基百科对效能是这么描述的：

> Velocity is a capacity planning tool sometimes used in Agile software development. The velocity is calculated by counting the number of units of work completed in a certain interval, the length of which is determined at the start of the project..." (效能是敏捷软件开发中有时会用到的一种产能规划工具。它的计算是根据持定时间间隔周期中完成的工作量来计算的，时长是在项目开如时确定下来的。)
>
> 即：效能 =Σ(单次迭代中完成的 Story 所分配的故事点数) [V1]

如果只看到这里，跟我们说"一个点大概等于两天"[V2]表示速度，区别是微妙的。但是如果有人告诉你：根据"速度"的大小变化，我们可以不断调整项目的发布计划。那么这种微妙的区别就变得很重要了，因为这代表着两种完全不同的使用目的：V2 强调工作规模与工作时长的直接对应，且期待"速度"值保持不变甚至更高；而V1 强调对制定计划的参考价值，且不主张刻意保持"速度"值的恒定。实际上，肯特(Kent Beck)最初在他那本经典的小册子《极限编程：拥抱变化》中，就是将效能作为协助制作发布计划的"均衡器"来使用的：

The proper use of velocity is as a calibration tool, a way to help do capacity-based planning. (效能的正确用途是作为一种校准，有助于做基于产能的规划)

"均衡器"

均衡器的理想用法是怎样的？

如果看到上一节后你开始好奇"速度"到底怎么发挥"均衡器"的作用，我们就具体来看一看，下图中的模型说明了"速度"在项目中起作用的节点以及如何协助制定发布计划。

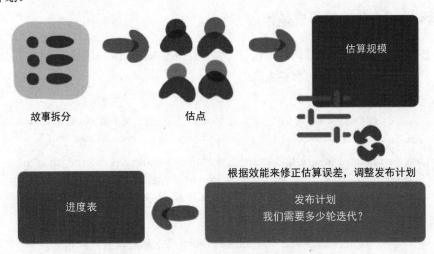

故事拆分　　　　估点

估算规模

根据效能来修正估算误差，调整发布计划

进度表

发布计划
我们需要多少轮迭代？

开始计划时，如果将从客户那儿获得的需求拆分成故事并分别估点加总，我们就会得到对项目总体大小(或者下一阶段工作总体规模，针对那些长期的项目)的估算。如果知道 Team 的速度，就可以通过用"加总的大小/速度"来推算出迭代的次数，再把这个持续时间映射到日历上，就可以得到最初的进度表。

我们举个具体的例子来看。例如，假设下一阶段总体工作规模估算值为 200 个故事点，又根据过去的经验知道，Team 的速度是每次 2 周的迭代可以完成 25 个故事点。那么 200/25=8，我们可以估算出项目需要 8 次迭代，因为每次迭代的周期是 2 周，那么我们可以推算出一个 16 周的发布计划，再在日历上往后数 16 周，就得到了具体的进度表。

接下来我们来看看如何使用"速度"完成对计划误差对自我修正。

在初始的计划中，Team 选用了［25 点/迭代］作为历史速度，因为 Team 一开始认为能在每次迭代中完成 25 个点的 Story，但是在项目开始后，他们发现速度只能达到［20 点/迭代］，那么 200/20=10，在计划工作总量不变的情况下，不需要对任何故事进行重估，Team 就能正确意识到项目需要 10 次迭代，而不是 8 次。

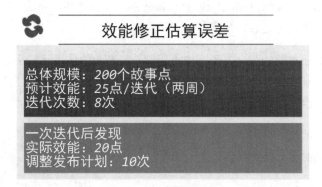

再举一个生活中的例子来帮助我们理解上面的内容。假设 Team 受雇去粉刷一套不知道具体面积的房子，并且他们只有房子的平面图，看不到实际大小，但是我们仍然希望知道他们多久能够完工，这就需要 Team 对其进行估算。如果 Team 估计粉刷两个卧室的工作量都是 5 个点，这里 5 本身没有任何意义，它不直接意味着 3 天或是 5 天完成，但是它能说明两间卧室的大小大约是一致的，从平面图上能看到车库大概是卧室的两倍大，于是 Team 估算车库的工作量是 10 个点。

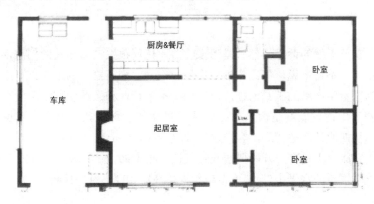

Team 估算的是粉刷墙壁的"相对工作量"。

因为看不到房子的面积，Team 只能大概估计一个，比如猜测卧房是 2m×3.5m，预测完成粉刷的速度，然后用整体的工作量/预测速度得出我们想要知道的完成时间。真正开工后，如果进度比想象的慢，是不是说之前的估算就没有任何用了呢？不是的，因为他们估算的是粉刷每个房间的"相对工作量"，如果 Team 发现卧室的尺寸是他们假想值的 2 倍，那么主卧的尺寸也会是假想值的两倍。对于工作量的相对值是不变的，但是由于房间的面积是预期的 4 倍，因此 Team 的生产率会变慢。如果你还记得第二节中的那句质疑"这批 Story 整体都估小了，总是超时完成，Team 估点还是不够准"，在这个例子之后，是不是有了新的解读？

最后一个例子真正重要的意义在于，如果我们希望有效的使用"均衡器"，前提是我们要意识到 Story 的故事点是相对的，原始点值本身并不重要，重要的是点值的相对大小。在"一个点大概等于两天"这样的描述下，我们则无法体现这种相对性。

这一小节中使用的例子引用了《敏捷估算与计划》一书第 4 章的内容，感兴趣的读者可以在书中看到更多的详细内容。

看似很美好，问题出在哪儿？

如果一个工具能够快速有效的修正计划的误差，提高项目对变化的响应能力，那么这个工具当然值得被引入到敏捷实践中。然而，现状是 Team 依然承受着来自 Velocity 的压力，好像只有那些有幸在"愉快的敏捷实践乐园"中工作的人们才会把速度当作均衡器来使用。但是我们不要忘记还有一位重要的角色，那就是客户，他们可不是乐园的股东。

大事不好啦，客户来了！

作为客户，首要天然的诉求当然就是追求收益，任何跟生产力相关的信息都会成为他们关注的重点。不得不说，相比在敏捷项目中作为"均衡器"的工具，"速度"更普遍的是作为度量生产率的工具而被广泛应用于众多行业和领域中。如果没有任何的解释，在客户眼中，效能就是衡量 Team 生产效率的度量工具，这很直观也很容易理解。在经历初期的几次迭代后，客户发现 2 个点的 Story，大概需要一对开发耗费两天的时间去完成。于是客户开始要求我们统计 Team 的 Velocity，并且将 Velocity 能否保持在一个恒定的水平上(其实更希望越来越高)，作为验收 Team 工作表现的主要度量维度。

产 能

那么很容易想象，当我们告知客户 Team 的速度"下降"了，客户看到的不会是一个"均衡器"正在起调节作用，而是 Team "懈怠了"，于是在站会上，我们往往就会受到客户的质疑。

结果：均衡器"失效"了

应对客户的质疑，一个最简单有效的方法就是顺应客户的要求，用"平稳的速率曲线"构筑起抵御客户质疑的边境长城。

当速度被期待恒定后，为了保证计划的有效，常见的"承诺"模式就代替"均衡器"起作用了，如下图所示，计划的误差则通过 Team 不断提高估算的准确性来修正，故事变得越来越熟悉，于是一次超长时间的估点会议开始了。

点之殇：不只是"失效"

说了这么多，回到一开始提出的疑问：使用 Velocity 的初衷真的是作为敏捷团队生产率表现的小鞭子吗？答案是否定的。如下图所示，"速度"失去调节作用转而成为只专注于度量团队效率是否会有副作用呢？这时候起码产生了两个困惑：

- 交付业务特性的优先级永远高于技术优化？
- 重构变成"浪费时间"？

产能校准（本意）

点数=时间

生产效率指标

都是客户的错？可以采取哪些行动

当我们认为上一节提到的那些"副作用"产生负面影响时，常常会听到"没办法，客户就是这么要求的"这样看似无奈的声音。真的是这样吗？难道都是客户的错？

反思一下我们应对客户的方法，当我们努力维护那条稳定的"速度"曲线时，站在客户角度去看，其实是在不断向客户强化一个信息：Velocity＊时间=工作量。

然而我们知道，在软件行业这个等式是不成立的，我们并不是在做重复简单的体力工作，我们需要抵御的也不是客户的质疑，而是应该跟客户站在统一战线上，共同去应对外界不断发生的变化和知识工作本身带来的复杂度。而应对复杂度表现的度量，只依靠"生产率"这个单一的维度是远远不够的。

当我们抱怨客户只看收益的时候，反过来想想我们是否为客户提供了更有价值的信息？那些有价值的信息是否都被那道高高的 Velocity 曲线挡住了？ 是否能够向客户展现其他更立体的维度来度量 Team 的绩效？

所以，"愉快的敏捷时间乐园"本来就不存在，而客户也并不是边境以北我们需要抵御的"异鬼"。

高效回顾会议的七步议程

刘若然/译

多年以来，我们(Paulo Caroli 和 TC Caetano)一直尝试对回顾会(Restrospective)①中的观点和活动进行归类。我们创建了一份包含步骤和方式的七步式日议程表，来帮助你组织下一次的回顾会。

1. 设定上下文(Context)

在会议开始阶段设定好上下文，是保证会议能够高效进行的第一步。参与者需要理解会议的重点究竟是什么。

你可以在会议开始之前设定好上下文，或者在会议一开始和参与者一起设定。例如："这次的回顾会我们要讨论什么？"

以下是一些上下文内容例子。

- "这次会议是对 ABC 项目组两周一次 Scrum 迭代的回顾会。我们正在 30 个 Sprint 中的第 12 个。"
- "在接下来的 14 天内，我们的产品需要发布到主要的生产环境。"
- "XYZ 功能在生产环境上出了问题，在系统管理员用旧版本备份回来之

---

① 编注：关于回顾会议的更多模式及实践，可参阅《回顾活动引导：24 个反模式与重构实践》，译者为万学凡和张慧。

前，服务器崩溃了两个小时。"

- "我们小组今天开始要一起工作，做一个新的项目了。"
- "我们一起工作了一年，在接下来的一年里，还要一起继续努力。"

2. 最高指导原则

在项目回顾会中，Kerth 引入了"最高指导原则"(Prime Directive)的概念，可以为回顾会做好准备。最高指导原则为"无论发现什么，我们完全理解并且相信每个人在当时状况下，基于他的能力和资源，做出了最大的努力。"这个声明在确定会议基调的时候是无比重要的。

3. 热身活动

热身活动(Energizer)并不是一个必备的环节，它通常用于鼓励团队互动、使团队活跃起来。对于任何团队会议这都是一个很好的"开胃菜"。而对于刚成立不久的团队来说，它对团队建设的帮助是非常有价值的。

要选择一个最适合团队的破冰游戏。在建设一个团队时，我们推荐那些旨在分享名字或喜好等信息的活动。破冰游戏可以用在任何会议中，鼓励参与者，增强大家的参与感。

这类活动有助于创造更加友好的环境，使参与者在讨论的时候更加舒适。

这里有一些关于热身活动的建议。

4. 测定环节

测定(check-in)是用来测量参与者对设定内容和会议本身的感受。在确定上下文内容和朗读最高指导原则后，这是下一步应当做的内容，特别是它可以缩小接下来要讨论的主题范围。

它的另一个好处是让参与者把他们的顾虑放在一边，专注在到会议本身。从测定环节本身来说，它有时甚至可以让参与者在会议期间将自身的主观判断暂时搁置一边。这些活动通常比较短暂。在参与者向你反馈他们的参与感时，你可以把它想象为通过让每个人试吃主菜来确定他们的偏好。这里有更多的测定例子。

5. 主题

主题(Main Course)是整个会议的核心部分，它的目的是探索持续改进的方法和手段。它可以由一个或多个部分组成，也会依时间而定。

主题是用来收集数据、观察团队士气、谈论正能量、认同队员和寻求改进的。这些活动驱使团队在给定的上下文内容中自省，从而产生一个共同的愿景。主题让所有团队成员感到他们的观点受到足够的关注。每个人的观点都应当向整个团队公开并得到认同。

那些拥有周期性回顾会议的团队会有些不太一样的主题活动。团队可以从不同的角度来反馈得到不同的愿景。

要时刻想着会议的目的和参与者，精细地挑选主题。因为这是会议的主要部分，收集和讨论的信息十分有可能会定下持续改进的基调。

6. 筛选

在主题之后，你们得到了很多信息。选择一个明确的话题来讨论是非常重要的。依会议的时间不同，有些话题有可能会被排除在讨论之外。

有些活动可以帮助你们筛选讨论话题。例如，团队可以根据话题相似程度进行分组，然后讨论明确的话题组。另一个方法是投票，然后只关注在获票最多的话题上。这里我们列举了一些常用的筛选方法。

7. 下一步

会议快结束了，团队积极讨论，产生了很多愿景，或许还产生了一些可行的工作。这个"下一步"的列表就是会议议程表的最后一步。这一步并没有严格的规定，我们推荐整个组开放地讨论项目组下一步可以做什么，对于会议中发现的问题可以做些什么。

将一些实施条目放在项目组的 backlog(工作待办)中，将会议总结发给整个团队，安排或者提醒队员下一次的会议，都可以纳入这个环节。

第 7 章

组建人人深度参与的统一团队

我们将从三个方面来谈谈如何组建人人深度参与的统一团队：开好站会；开好展示会；离岸团队的沟通。

开不好站会？因为不同阶段站会的目的不一样

说到站会，你一定会想到经典的三个问题：

- 昨天完成了什么？

- 今天准备干什么？
- 遇到了什么障碍？

你是否觉得这种形式太过死板？当团队养成了随时沟通的习惯后，站会是否还有存在的必要？

你是否发现站会老有人迟到，有人在吃早餐，有人在玩手机？

网上有不少文章探讨站会的目的、形式和技巧。然而，读了那么多文章，依然开不好站会……

下面，我尝试从团队的角度来分析站会在不同阶段的价值，以及为了获得这种价值我们要如何做。

既然站会是一个团队实践，在研究站会的形式和技巧之前，我们是不是应该先研究一下团队呢？

根据布鲁斯·塔克曼(Bruce Tuckman)的团队发展阶段模型，团队发展一般要依次经历以下几个阶段：

- 组建期
- 激荡期
- 规范期
- 执行期
- 休整期

团队在不同的阶段，面对的问题不一样，站会作为一个团队实践，它提供的价值应该也会不一样。

组建期和激荡期：建立信任

团队初建，成员互相之间不够熟悉，这个阶段最重要的是快速建立信任。什么样的团队成员能得到其他人的信任呢？

- 搞定问题的能力
- 积极主动的态度
- 团队合作的意识

经典的三个问题恰好可以让我们了解团队成员是否具备以上三点。

- 我昨天完成了什么？我拥有专业能力，能搞定一些工作。
- 今天准备做什么？我积极思考，主动承担任务。
- 我遇到了什么问题？我不是万能的，但我信任团队，我会把搞不定的问题暴露出来。

规范期和执行期：关注价值流动

在"规范期"和"执行期"，团队成员对彼此的专业能力和态度都有了信心，站会的关注点应该从"人"转移到"事"上，或者说关注接力棒而不是运动员。

软件开发过程中，对于一个功能特性，只有真正被用户使用才能产生价值。所以我们要尽量缩短从需求分析到开发、测试、部署的周期，而这其中一个很大的浪费就是"等待"。分析完了等待开发，开发完了等待测试，测试通过等待部署……

这时，我们可以采用看板推崇的"拉动"的方式，大家站在看板前，不再讲三个经典问题，而是以需求为中心，从看板的右边往左边，讨论每一个需求卡片的状态，以及还需要做什么才能移动到右边一列。

执行期：仪式感

在执行期的前半段，大家都被成就感驱动，工作充满激情。但到了后半段，业务和技术上都没有什么新的挑战，团队每天按部就班地工作，激情很容易流失，团队容易进入得过且过的状态。这时站会更多的是一个仪式，让我们作为一个团队继续战斗。产品经理要经常分享产品在市场上的反馈，比如用户的表扬信，又新增了多少用户，产品又挣了多少钱等。让大家看到工作产生的价值，持续获得成就感。

另外，站会还是工作与生活的分水岭。早上一到公司，我们脑子里还想着生活中那些琐碎的事情：

> 昨晚老公鬼鬼祟祟地接了个电话，明天孩子的补习班该续费了，老爸的手机该换了，闺蜜要生二胎了，送点什么呢？

借站会这个仪式，我们将看板上的工作相关上下文加载到大脑中，以便快速进入高效工作的状态。

以上是我关于站会的思考。其实，在采用任何一个实践的时候，我们都要经常思考下面几个问题。

- 它的出现是为了解决什么问题？
- 这个问题现在还存在吗？
- 有没有更好的解决办法？

敏捷不是遵循"最佳"实践，而是要搞清楚实践在什么环境下解决什么问题，然后再合理地对实践进行裁剪和改进，这样才能保持敏捷力！

这里感谢你阅读此文，我想邀请你一起思考："在你的团队中，回顾会议是不是一成不变的？对应团队发展的几个阶段，回顾会议能给团队提供什么价值？为了达成这种价值，回顾会议应该采取什么样的形式？"

展示会的七宗罪

什么是展示会(Showcase)？指的是开发团队把开发好的功能演示给客户的产品负责人(Product Owner，PO)等业务相关人员看，以获取他们的反馈，它是敏捷开发流程中的一个实践，一般的频率是一个迭代一次，也可以根据项目具体情况做调整。Showcase 的目的是做功能演示，这同时也是展示开发团队面貌的时刻，其重要性不言而喻。但在我经历的项目中，总能看到一些不是很理想的地方。

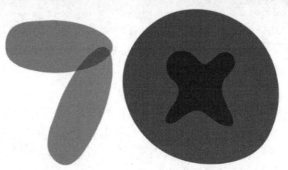

1. 准备工作没做好

所有人就位，准备开始展示的时候，突然发现环境没有搭建好，连不上了！

好不容易把环境弄好了，开始展示，可是数据又没有准备好，还要临时创建，花了大半天时间(创建和准备数据)才终于展示到了真正要演示的功能……

主讲人手忙脚乱，而其他人都要在这种忙乱中等待，浪费了很多宝贵的时间，尤其是对于 PO 等重要人物来说。

正确做法：充分做好准备工作

确定要做展示的功能后，需要提前把以下事情做好。

- 从业务的角度把整个要演示的功能尽可能串起来，准备好展示的步骤。
- 演示数据也需要准备好，展示的时候可以直接使用，只需要操作所演示功能部分，不需要临场创建准备数据。
- 演示环境要提前准备好，包括部署好需要演示的应用程序版本，而且要告诉团队不要破坏准备好的环境。

2. 没有上下文铺垫

着急忙慌地准备好一切之后，就开始页面操作了，既不先介绍一下要演示功能的来龙去脉，也不说明这个功能是干嘛的。那些日理万机的 PO 等业务人员很有可能没见过这个系统功能，很容易被搞得云里雾里、不知所云……

正确做法：开始演示前要先介绍上下文。

根据自己对所演示功能的理解，先介绍该功能的业务价值，满足了用户的什么需求，让在座的各位业务人员能够更容易理解后续 showcase 的内容。

3. 逐条过 AC

展示会的过程就是按照用户故事(Story)的验收标准(AC，Acceptance Criteria)一条一条地过一遍，没有连贯性。这样的演示很难让观众把每条 AC 跟整体的系统特性、真正的业务场景联系起来，容易迷失。因此，常常会有"演示完了一个故事，而客户却问这是实现了什么业务需求"的情况发生。

正确做法：以功能为单位演示。

不要一个一个用户故事的演示，而是将整个功能串起来，最好定义出单独的业务场景演示给客户看，并且尽量使用业务语言描述。这样能让客户的业务人员感觉更有亲切感，看到开发团队的人员能够用业务语言进行描述和演示，他们一定会留下好的印象。

4. 企图覆盖所有路径

在系统功能中，通常会有"用不同路径实现相同或类似功能"的情况，比如一个上传文件的功能有多个入口，但到达的上传文件页面是相似的。有人在演示这个文件上传功能的时候，企图把所有入口的文件都完整演示一遍，到后来根本没有观众愿意关注，都在私下讨论了，有时也会有客户业务人员直接出来制止。

正确做法：只演示最关键路径。

在遇到多个路径实现相同或相似功能的时候，对其中一条最复杂/重要的路径进行详细演示，其他路径提到即可，并指出其他路径不同的地方，不需要一一演示，以节省时间。

5. 过多提及跟演示功能无关内容

有人天生能聊，展示的时候也喜欢啰啰嗦嗦的说一大堆，经常会提及一些跟正在演示功能无关的东西，或者提及团队采用的技术方案等业务人员不感兴趣的内容，导致展示过程不能按时结束，甚至忽略掉某些重要的反馈。

正确做法：只提及要演示的功能。

有时候在一个展示周期内可能开发了一个主要的功能，以及对一些小的反馈进行了改动等，这时候展示可以考虑只演示最主要的功能，那些小的反馈就不需要展示了，也不要提及任何还未完成的功能模块，特别是对于团队正在开发的技术卡或者还不成熟的技术方案等，一定不要提及。因为对方是业务人员，不会对技术相关内容感兴趣。

6. 认为展示仅仅是 BA 或 QA 的事情

业务分析师(BA，Business Analyst)和质量分析师(QA，Quality Analyst)通常是团队中跟业务打交道最多的，也是最了解业务的，而展示就是给客户的业务团队做系统演示，于是团队其他角色就会有人觉得展示仅仅是 BA 或者 QA 的事情，跟自己无关，也不关注。

正确做法：人人都可以展示

展示不是某个角色独占的。团队中的所有人只要对业务、对要演示的系统功能足够了解就可以负责展示。通常可以采用让团队中的不同人员轮换负责展示的方式，以增加团队成员在客户面前的曝光率，同时也能增强团队中不同角色人员熟悉系统、熟悉业务的意识。另外，就算不主导展示，团队人员也可以尽量多参加展示会，这是一个了解系统、听取客户反馈的绝佳机会。

7. 不熟悉的新人负责展示

既然展示不仅是 BA 或 QA 的事情，常常也会有其他角色来参与负责这件事情。从团队能力建设的角度考虑，PM 有时候会让一些资历浅的同事或者新来不久还没有好好了解系统的同事来做展示，结果就是演示过程非常生硬，甚至会有很多说不清楚的部分，而在一旁听着的 BA/QA 只好着急的上来帮忙解释。

正确做法：展示前先充分了解系统和业务

虽然人人都可以展示，但不建议采用给青涩新人提供展示机会的方式来帮助他们提高能力，如果要给新人锻炼机会，可以让新人在结对编程、Story Kickoff、提前验收的时候多多主导，等到对系统和业务有了一定了解时再给客户展示比较好；或者新人非常有意愿直接主导展示会，那么一定要在演示前做好对系统和业务的充分了解，以能应付和解答客户的挑战和疑问。

小结

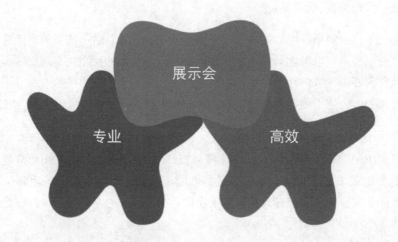

前面关于展示会的正确做法都是围绕"专业(Professional)"和"高效(Efficient)"展开的，展示会的目标观众是客户的 PO 等业务人员，他们是决定是否认可开发团队所开发功能的重要人物，因此在展示会过程中表现出专业性和高效率非常重要。因此，只要记住这两个词，并严格遵循，展示会一定能做好。

浅谈敏捷离岸团队沟通

很多人说，要让团队敏捷，先让团队坐在一起。没错，"坐在一起"这区区几个字，可以解决团队从沟通到信任到效率提升的不少问题。作为团队的业务分析师，我们很多时候都扮演着产品端和开发端的黏合剂，最理想的工作环境可能是坐在产品团队和交付团队中间；办公室就是大舞台，随时都能展现自己的十八般武艺，把"坐在一起"的效应发挥到极致。

然而，由于种种原因，我们不免会遇到跨文化、跨时区的离岸团队。当"坐在一起"的舒适圈被打破后，很多问题则接踵而来："见都没见过的团队成员怎么建立信任？""人都找不到怎么高效沟通？""时区空间不一致怎么组织工作坊？"经历了一个离岸团队的从无到有，淌过了大大小小的坑，这里将所见所得整理成文，希望能对同样纠结于此的同行有一点点裨益。

按需互访

"见都没见过的团队成员怎么建立信任？"答案恐怕是"无法建立"。别怪我这回答太消极任性，对于远隔重洋甚至黑夜颠倒的离岸团队而言，留言和视频所带来的困惑和乏力往往多过友好度和安全感。尤其对于那些毫无离岸合作经验的客户来说，面对这样的未知和"不可控"往往是自我保护甚至抗拒的。

← 互访

合作双方的互访则是建立信任的捷径，通过这扇窗户，一方面可以了解双方的企业文化、工作习惯乃至个人的性格特点；另一方面能够利用面对面工作坊高效梳理规划，最大程度保证后续项目推进方向的正确性。在条件允许的情况下，在项目伊始就建立互访机制。

1. 在项目的重要节点，例如合作初始、项目里程碑、检查点进行在岸交流。

2. 设立双向固定互访周期，如每三个月/半年。

如果有机会去到客户现场，该如何充分利用短短数周或是数日？从个人经验来看，你或许可以采取下面的做法。

1. 做好充分的行前计划：不要把它当成签证材料准备中的"例行公事"。海外出差费时费力，为了确保效果，必须提前沟通，准备并了解项目干系人的工作／休假安排，重要会议提前发好会议邀请，最好以邮件形式确认你的计划。相信我，你一定不想像我一样，人都到了客户现场以为一切自有安排，才发现接头人马上要休长假，独留下"一脸懵逼"的自己。

2. 尽量结识多的人：哪怕你自认不是"交际花"，哪怕自己的英语不够好，哪怕对方算不上直接干系人甚至来自不相干的团队/部门；当你们未来有工作上的交集，有一面之缘也大大好过冰冷的邮件。

3. 定期和离岸团队沟通：即使有完整的记录，出差回来一次性输出的效果恐怕也差强人意。就算再忙再紧张，也要定期与团队交流，沟通自己在客户现场的收获，了解团队的问题和想法，并及时反馈到客户现场的工作计划中。

当客户即将来访，该如何抓住深化合作的机会呢？

1. 最重要的依然是计划：提前为客户来访的工作内容做好细致的安排准备，双方设置好来访预期和目标，最大程度利用好团队与客户成员共同工作的时间。

2. 提升对客户的影响力：帮客户站得更高，看得更广。尽力帮助他们在来访过程中更好地感受我们的工作方式和文化氛围，甚至以我们为窗口，介绍目前国内市场上的先进案例和最佳实践。

3. 为客户做好行前准备和安排：这包括签证准备、交通酒店及个人饮食过敏源等在内的各类生活细节。很多客户并没有到访中国的经验，对这个陌生的国家甚至存在很多误会和担心。我们可以简单准备一份包含城市介绍、物价水平等信息的行前小材料，让他们不至于在踏上飞机前对即将到访的城市一无所知。

搭建沟通框架

对于"坐在一起"的敏捷团队，沟通会在工作和相处中自然而然地发生。而当我们所处的是一个离岸团队，很多沟通问题则会因为物理位置、语言文化障碍和时差而被放大；最危险的可能是，你不知道你不知道；而某些沟通隔阂可能会在某些时刻产生致命的影响。在项目初始就定义好沟通的渠道和方式在这样的环境下显得尤为重要。简单来讲，我们最应该关注的是：谁和谁沟通，通过什么形式沟通，达成怎样的目标，要有怎样的沟通频次。

Activity	Frequency	Attendees	Duration	Objective
Stand ups	Daily	All	15 mins	Update
Showcases	Fortnightly	All, Zac, Ryan	1 hr	Share
PO Review	Ad-hoc	Nhi, team	-	Feedback
Iteration Kickoffs	Fortnightly	All	1 hr	Align
Retrospective	Fortnightly	All	1 hr	Improve
Board Updates	Monthly	Zac	-	Money :D
Tech Huddles	Weekly	All Devs / QA	1 hr	Share
Delivery Assurance	Weekly	TBA	-	Risk

↑ 在项目初始与客户达成对重要会议的一致理解

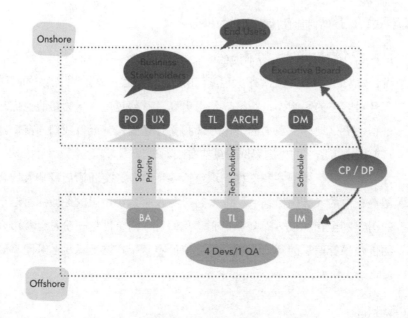

⬆ 团队成员之间的沟通渠道需要统一和确认

巧用工具

时区空间不一致怎么组织工作坊？针对这个问题，恐怕不仅仅是需求分析相关的工作坊，离岸团队的种种限制对我们许多熟悉的组织技巧和习以为常的敏捷实践都提出了挑战。互访堪比昂贵的特效药，而真正要身体好，还离不开悉心的日常调养。合适的工具，则是这里的关键。

1. 随时在线

如果能有超过四个小时的工作时间重叠，一定要随时在线(Always On)。实时视频能增加许多亲切感和趣味，拉近团队成员的距离；更能让包括站会、提前验收在内的很多敏捷实践变得容易。有了随时在线，信息不回，抬头喊一喊，开会了朝屏幕招招手，方便直接，也算对得起客户给的"魔镜"名号。

2. 远程协作编辑软件

市面上的远程协作软件让人眼花缭乱，在这里分享几个你也许正在寻找的。

- Keynote-Collaborate Mode：Keynote 算得上我们目前使用最为频繁的演示软件，而它的 Collaborate Mode 这项高能技巧好像并不是那么知名。协同编辑除了能在紧张的项目节奏中提高团队效率，还可以帮助在重要演示环节/工作坊中与客户进行快速确认。举个例子，如果有两人共同参加工作坊，一人作为组织者与客户交流，另一位则可以实时将产出记录到 Keynote 中，在工作坊结束前第一时间呈现给客户进行确认。

⬆ 点击标题右下方的 Collaborate，输入要协作编辑对象的 iCloud 邮箱，即可将当前文件分享给对方进行协同编辑

● RealtimeBoard：如果让我列举"2017 年度最好用工具"，RealtimeBoard 一定榜上有名：它是我目前能找到的最好的贴板，是组织远距离工作坊的最佳搭档。除了最常用的反馈会议和头脑风暴外，RealtimeBoard 提供了许多针对不同场景的实用模板，例如用户故事地图和产品演进路线。

⬆ RealtimeBoard：五花八门的实用模板

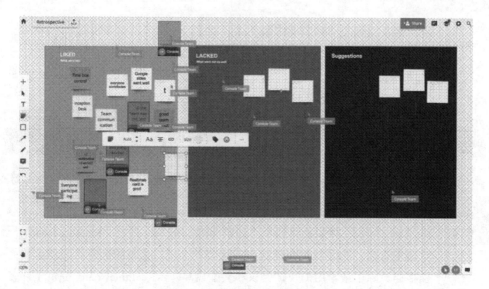

▲ 团队的第一次远程回顾会议

3. 即时通讯工具

每个人每天都要用到，自然必不可少。 在与海外客户的合作中，常见的主要有 Skype，Lync(Skype for business)，Slack，HipChat，Hangouts 等。目前我们项目正在用的是 Hipchat，比较突出的亮点是不用翻墙，可以与 Jira，Github 集成，缺点主要是记录保存时间较短。

4. 项目资产管理工具

个人认为，离岸团队要比在岸团队更加注重文档，良好的文档整理能降低沟通成本，也让沟通有迹可循。关于用户故事/电子看板，常见的有 Jira，Trello，Pivotal Tracker，Mingle；关于其他项目相关文档管理，一般使用 Confluence，Google Drive，DropBox 等。

文化互通

文化差异是每个海外合作团队所必须面对的。由于文化背景的不同，团队成员有不同的语言体系和做事方式，继而对合作产生一些显而易见或者不知不觉的影响。它本身是一个中性词，甚至褒义词：两种截然不同的文化碰撞，让我们能够交到大洋彼岸的朋友，了解彼此的文化，是多么幸运的一件事。而它也有可能成为"问题"：因为缺乏了解，导致双方产生误解甚至不信任，影响健康的合作关系。

承认并沟通合作双方的文化差异永远不会太早，在项目开始前/初期就应该主动地向客户介绍我们的文化：这包括了大文化，即国与国之间的文化差异，例如中国人可能会相对内向，不说话并不代表没有关注讨论；也包括了小文化，即组织和团队的文化差异，例如我们会相对自管理，不存在传统的上下级观念。

我们总是在谈论良好的团队氛围对项目成功的重要性。良好的团队氛围永远不是从单纯的工作沟通中来的，而是必须来自于每一个活生生的人。当团队成员之间建立起个人关系，很多问题都可以迎刃而解。

■ · ■   · Dec-7 10:01 AM
stepping away for tucker. brb

■ ■   ■   · Dec-7 10:05 AM
tucker : Australian slang for food, originating from the language of the aboriginals
languages(s) / 100's of dialects
Im here for you guys

↑ 一旦出现文化碰撞，团队里需要有人挺身而出

以上几点来自我有限的项目实践，不免有所遗漏或有待商榷。但毫无疑问的是，离岸团队需要更用心和精巧地经营，而成功也往往离不开各个角色的配合与贡献。

第Ⅲ部分　管理体系

第 8 章

为什么你的 Scrum 会失败？

Scrum 失败的原因有很多，很普遍的一个是忽视其众多前提而仅仅把现在的基层开发组织按照 Scrum 要求的三种角色改一下，就算是上马了。很快，Scrum 也就像它的发音那样变成死马了，仅留下一身马皮。我们来看一下为什么仅仅把基层开发组织改组为 Scrum 团队是不奏效的。

三个角色

角色一：PO 的任职资格

在我所见过的 Scrum 团队中，绝大部分 PO 并不具备 PO 的资格。不是说能力，而是资格。PO 从职责上讲拥有 Product Backlog，负责决定哪些功能进、哪些功能不进以及优先级是什么。换句话说，PO 负责产品的方向。Product Owner 这个词从字面上也赋予了 PO 这种职责，但与这种职责相伴的是对应的资格，是必须有资格能够负责产品的方向。那么，通常都是什么样的人有资格负责产品的方向呢？

- 如果是一个定制化开发项目或企业应用，毫无疑问，客户才有资格负责产品的方向。
- 如果是一个产品项目，面向多个潜在客户，那么你们组织中谁对产品的成败负有首要责任，谁就是 PO。

换句话讲，PO 通常是资方而不是劳方的人，PO 要么是给项目提供资金的人，要么是他的代言人。通常出钱的人是老板，很忙，在大的组织里不太可能直接出任 PO，但他必须把他的职责代理给某个人，而这个人是要对产品的成败负责的，出了事之后他要负主要责任。

如果 PO 不需要对产品的成败负首要/主要责任，那么他/她关于 backlog 的范围和优先级的决定是不可信任的，不是说他/她这个人不可信任，人可能是好人，找你借钱你也愿意借给他/她，但由于他/她不需要负责，他/她的决定是没有权威性的。

在我见过的运行比较好的 Scrum 团队中，担任 PO 的人都满足上述任职资格，包括客户本人，包括从头到尾负责一个产品很多年的人等。而运行的不好 Scrum 团队中，PO 通常由原先开发团队中的业务分析师担任，仅具备一定的业务能力，而没有商业上的资格和权威。

角色二：Scrum Master 的悖论

在我所见过的 Scrum 团队中，绝大部分 Scrum Master 并没有认识到自己的使命。Scrum Master 的使命就是把自己做没，不是做媒，是做没。

Scrum Master 这个角色深刻反映了 Scrum 内在的不一致性。我们只需要考虑这么一个问题：如何评价 Scrum Master 的工作成果？如何证明一个人是合格的 Scrum Master？

你会发现如果 Scrum Master 做得好，他会把自己的大部分工作做没，变得越来越轻松。因为 Scrum Master 按照定义，从根本上来说就是一个教练的角色，教会团队自组织、教育 PO、教育开发团队、教育组织里其他干系人。评价教练的唯一标准就是被教的人不再需要他/她了。

也就是长久来看，Scrum 运行得好的话，对 Scrum Master 的需求会越来越少，这个职位甚至不再需要专职的人了，而这在 Scrum 的教义中是不推荐的。有的团队 Scrum Master 是兼职的，平时还有一部分开发的职责，不知道是不是认识到这一点之后未雨绸缪……

然而，如果 Scrum Master 认识不到这一点的话，对团队的破坏将是巨大的。他/她会不由自主地为自己找事做，无形中破坏了团队的自组织。所谓自组织其实很简单，就是不去干预。如果团队在众多内部关于流程/活动/角色/职责等事情上需要 Scrum Master 的干预，则离自组织还很远。

那为什么球队永远都需要一位教练？答案很简单，因为球队教练的职责是赢球，而不是教会球员自组织。如果他通过让球员在场上自组织来赢球，那球队确实对他的依赖会减少。

角色三：开发团队自组织的假象

在我所见过的 Scrum 团队中，不是自组织，而是没组织。原先的项目经理/业务分析师/开发人员/测试人员(Project Manager/Business Analyst/Developer/Tester)的职责随风而去，现在统一称团队(Team)。每个人在新的组织方式中无所适从，而 Scrum Master 经验不足以及机械而一厢情愿地抹平角色的差异，导致工作分配/领取出现诸多状况，影响进度。

那么我们来回答一下这个问题：在 Scrum 的开发团队中，还有 PM/BA/Dev/Tester 等分工吗？

答案是，可以有。

什么，这难道不是 Scrum 教义中明文禁止的吗？

Scrum 确实禁止了，但谁让它又开了个"自组织"的口子呢？如果团队自组织起来，开了个讨论会，觉得这个 Sprint，谁谁谁，你去负责跟 PO 接口，搞清楚需求细节；谁谁谁，帮忙把 CI 环境弄稳定点；谁谁谁，把没来得及测的上个 Sprint 的功能再测一下，剩下的人都去做开发……这个会开完之后，团队在这段时间内有了明确的分工甚至角色，只要团队觉得合适，团队觉得这样是在当前约束下完成工作最合适的方法，又有何不可呢？

四个会议

前面说了 Scrum 三种角色的错误姿势，现在来说一下四个会议。注意是乱序，先看展示会。

Sprint 评审会议/Demo/Showcase

如何评价评审会议(或者叫 Demo 和 Showcase)的效果？我听过的答案有客户满意或收集到了反馈等。这都不够，且不说客户满不满意本就不应是评审会议的追求，就是收集到了反馈，都不够。

那如何评价评审会议的效果？唯一的评价标准是，会后有没有对 Product Backlog 做出调整。

如果每次展示完 Product Backlog 都没发生变化，那么恭喜我们，我们的计划和预见能力很完美，完全可以按瀑布的方式工作，没必要迭代交付了。客户或干系人需要了解，他们对展示会负有给出反馈的责任和义务，找对真正关心产品或项目的人来参加展示会。

但往往团队倾向于只展示好的一面，直接一点就是掩饰问题，这是本末倒置，会后皆大欢喜就是失败的会议，会后没有调整 Product Backlog 也是失败的会议。

Sprint 计划会议：实际上应该是分开的两个会

很多团队都会抱怨 Sprint 计划会议的冗长和低效。抛开开会的技巧不谈，根本原因在于 Scrum 把两个不同目的：需要不同参会角色的会议融为一体。在它的官方指南里，明确说了计划会议有两个主题：做什么(what)和如何做(how)。

IPM

对于"做什么"，即下个 Sprint 要做什么，某种程度上是不需要开发团队参与的。PO 应该根据干系人的输入，从业务优先级上选出下个 Sprint 的 Backlog。这个过程可称为 IPM(iteration planning meeting)，应该在本 Sprint 开始前进行，也就是推荐在上个 Sprint 的末尾进行，开发团队的参与是可选的，PO 完全可以一个人搞定或者跟业务方的干系人来商定，具体如何取决于 PO。

- 你说还没估算呢，PO 怎么知道要选多少? PO 可以根据之前 Sprint 完成的 Story 个数，多选几张，比如多出个 20%的量。
- 你说开发团队不参与的话，可能漏掉一些技术依赖项。我们还有下个会呢，开发团队有机会给出反馈。

说到底，估算和技术方面的依赖，不是决定优先级的很重要的因素，仅供优先级参考而已。

IPM 结束后，PO 手里有了一小堆下个 Sprint 要做的功能，可能比开发团队正常能完成的量多了一点。这堆功能将作为下个会议的输入，可以微调。

IKM

称为 IKM(Iteration Kickoff Meeting)，在本 Sprint 开始时进行，主要目的是 PO 和开发团队对这个 Sprint 的目标进行交互，解释、答疑和达成共识。开发团队对优先级，验收条件的任何疑问都可以提出来，PO 来解释或调整任务。对工作内容没有疑问之后可以开始估算，如果你非要估算的话。估的时候就按优先级估，估到累积的工作量达到团队的产能为止。

IKM 的解释，答疑和共识，依然是涉及“做什么”(What)，而不是“怎么做”(how)。对于后者，开发团队自组织讨论就可以了，不需要 PO 参与。开发团队也完全可以在领到任务开始做的那一刹那，由领到任务的一对自行讨论“怎么做”。

总结一下，就是 PO 自己搞定规划，PO 和团队一起开工，团队自己搞定怎么做。IPM 不占开发团队时间，IKM 两个小时足够，其他的讨论分散在开发过程中。

每日站会：关注接力棒，而不是运动员

站会到最后是最流于形式的会议，没有之一。原因很多，而一个比较普遍的原因是大部分站会关注于错误的点上，引不起团队成员的共鸣。这个错误的点就是关注每个人都干了啥，今天要干啥。站会对团队成员就成了一项考核，考核你工作量饱不饱满。每个人都挖空心思表明自己没闲着，说完自己的就完事，也不管别人的。

那么站会正确的关注点是什么？进度、障碍、新知及是否要进行调整。关注的是接力棒，而不是运动员。

每日站会是进度报告会吗？你可能会说不是。我只能说："当然是了！"开完会后甚至不知道当前进度是什么样子，这会也太浪费时间了，甭管是半小时还是仅有 10 分钟。你说我们有其他方式了解进度，站会关注在其他方面，那是另外一回事。

站会首先是进度报告会，区别在于向谁报告以及报告的目的是什么。站会是向整个团队报告进度，目的是寻求帮助，提供新知，为可能的任务调整提供真实的输入。站会是以天为周期的 PDCA 环中重要的一步，负责检查和提出行动建议。检查时检查的不是谁闲着谁没闲着，而在于过去这一天有哪些新的信息会影响到任务交付。

评价站会效果的唯一方式是，会后有没有根据会上的信息做出相应调整。不排除不需要调整的情况，但很少。换句话说，如果站会后没有调整，说明站会极有可能是无效的。

Sprint 回顾会议

没什么可说的。只要回顾会议有效果，其他问题再大都是小问题。当回顾会议没有效果的时候，问题就大了。其他问题都可以在技巧层面针对问题本身加以改进。但如果回顾会议没效的话，改进回顾会议本身又有什么用呢？

评价一项活动，不是看它过程，甚至不是看它结果，要看它对其他事务的影响。站会/回顾/评审会议，都涉及调整。开完会后没什么调整，这个会就白开了。

第 9 章

技术领导者即服务

很久很久以前，我写了一篇文章"技术领导者的三重人格"[1]。迄今为止，为数众多的敏捷交付团队中，Tech Lead(技术领导者)对于交付的效能和质量起着至关重要的作用。

我在文章中指出，技术领导者需要扮演三种重要的角色：技术决策者、流程监督人和干扰过滤器。一支团队能否有效采用架构最佳实践、交付流程最佳实践和项目运作最佳实践，很大程度上取决于技术领导者把自己的工作完成得多好。

---

① 请访问 Thoughtworks 洞见公众号同名文章。

责任拆解

如果更进一步把那篇文章中技术领导者承担的责任做一个拆解，我们可以看到，一个称职的技术领导者是这样去为项目的顺利交付做出贡献的。

- 首先，他要制订适合该项目要求的技术方案。他要参与架构设计，了解平台和编程语言、主要的框架和库、集成点、部署策略、数据迁移策略，确认总体技术方案能够支撑系统的业务要求。
- 其次，他要保障交付顺利开展。他要确保环境的一致性，搭建和管理持续集成流水线，指导并监督团队遵循持续集成的流程和实践。
- 最后但绝非最不重要，他还要管理和提升团队的能力。他需要确认团队是否熟悉用到的技术栈和工具，而且要帮助团队成员组织刻意练习来提升能力。

正如当时有一位读者非常正确指出的，要一个人做这三方面的贡献在很多时候是不切实际的。在很多组织里，这三件事是在三个环节中分别进行的，这三个环节的彼此割裂造成了很多问题。

- 在方案环节，架构师根据客户的要求和痛点，基于自己的知识储备设计技术解决方案。他如何分析客户的要求和痛点，他有哪些知识储备，组织里的其他人不一定知道。不同架构师提出的解决方案很可能不一样。
- 在交付环节，交付团队基于自己的知识储备来交付技术解决方案。方案背后隐含的知识储备，交付团队未必具备，所以屡屡出现交付质量不佳的问题。不是他们没有能力，只是能力与方案的需要不符。
- 组织感到团队的能力不足，于是找来教练提升团队的能力。然而，教练基于一个标准的能力集来训练团队，这个能力集与项目实际需要的能力又不一定匹配。于是，出现了能力发展计划不对症和能力建设效果不明显的问题。

技术栈管理

由此可见，只有方案、交付、能力三者有很好的协同，项目和团队才能健康成长。而这个协同之所以尤其困难，是因为它跨了三个非常不同的问题域(在很多组织是三个不同的功能部门)，需要三种非常不同的能力，对居中协调者的要求非常高。

所以，如果我们能用一个云上的平台来承载这个居中协调者的能力，对整个组织的交付质量和能力成长都会有帮助。这个平台的核心实际上就是技术栈管理：针对典型的应用场景(例如企业资源服务化、移动数字化渠道)，制订组织统一的技术栈，并从技术栈推导出对应的能力评估模型和刻意练习课程。于是我们就得到了下图所示以技术栈为核心的 IT 能力三环联动模型。

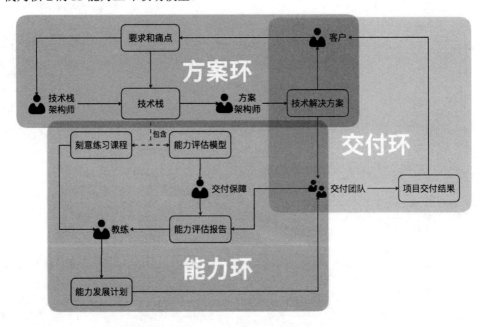

↑ 以技术栈为核心的 IT 能力三环联动模型

当提供技术方案的架构师选择一个技术栈，用这个技术栈交付软件的能力要求就被明确传达到交付团队。交付团队不用自己去设置开发环境和持续交付流水线，用云原生的持续交付环境即可启动开发，并复用在技术栈上积累的交付最佳实践。通过云上的能力测评系统，能力教练可以清晰地知道哪些成员已经具备需要的能力、哪些成员能力还有差距，然后为有差距的成员提供针对性的刻意练习和指导。

云计算已经成功地模糊了硬件与软件的界限，使 IT 的一大挑战(管理设备)极大简化。现在，对于 IT 的另一个大挑战：人才短缺，云计算的 XXX as a service 模式是否可以继续发挥作用？IT 组织是否可能借助云计算获得优质 IT 人才的弹性和伸缩性？这是一个值得探索的课题。在这个方向上，以云平台服务的形式提供对交付质量与效能起着重要影响的 Tech Lead 的能力，有可能是触手可及的一个目标。

第 10 章

项目管理中的敏捷实践

作为项目经理，我们经历了不同的项目，却总是受限于相似的困局。比如以下三个典型难题。

- 团队目标不一致。
- 团队成员不熟悉。
- 信息发布不顺畅。

倘若我们任由问题存在，而不在每次项目中进行总结和提炼，就会反复徘徊于丰满理想与骨感现实之间。

敏捷思想和实践能够为我们提供一种可能性，帮助我们解决在项目交付过程中遇到的具体难题。

敏捷的项目管理：追求最大价值的成功

当我们提到敏捷的项目管理，就得先说说瀑布式开发和迭代式开发的区别。

大家都知道瀑布式开发的特点是大批次，缓慢流动，在每一阶段追求工作完整，但因其缺乏并行迭代的概念，因而对变化的响应必然很慢。而迭代式开发则恰恰弥补了这个弱点。在迭代式开发过程中，整个开发工作被组织为一系列短小的、固定长度(在Thoughtworks 通常是两周)的小项目，我们将其称为一系列的迭代。每一次迭代都包括需求定义、需求分析、设计、代码实现与测试。

采用这种方法，开发工作可以在需求完整确定之前启动，并在每次迭代中完成系统的一部分功能开发工作，再通过客户的反馈来细化需求，并开始新一轮的迭代。

Thoughtworks 的敏捷开发通过逐步细化、迭代前进的方式，分阶段将需求予以实现。比如，我们先从整体功能规划中定位出一小部分核心功能，打造能基本运转、对用户有价值的最小可行产品(Minimum Viable Product，MVP)，然后迅速迭代开发，听取用户反馈，及时调整功能规划。

我曾在一次培训中听到同事谈到敏捷团队与西游团队的相似性，他认为唐僧师徒可以被看作敏捷中的全功能团队：团队有共同的目标"取到真经"；他们历经了九九八十一难，好比九九八十一个迭代，每次打怪成功都是完成了一次交付；在不断迭代的过程中，这个团队不断地收集反馈、持续改进，一步步地完成了最后的目标。取到真经，意味着完成了项目的交付，同时使得团队能力得到质的提升。这是一个美妙的结果。

项目成果的交付和团队能力的提升，这是项目经理在项目管理中最希望达成的目标。

传统项目管理的定义是："在有限资源限定的条件下，实现或超过设定的需求和期望。"一句话概括了传统项目管理的铁三角：需求是范围，资源包括时间和成本。

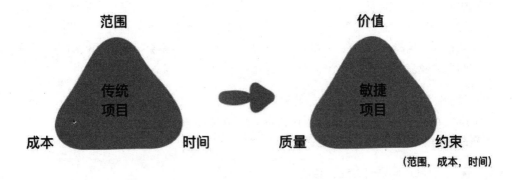

那么，这个定义是正确的吗？

大家都看过电影《泰坦尼克号》，如果我们套用上面这个"范围、时间和成本"定义的框架，《泰坦尼克号》会被判为一个失败的项目。为什么呢？这部电影在拍摄过程中多次延期，预算也超出很多，无论从成本还是时间来看，都是一个失败的项目。可是我们都知道，《泰坦尼克号》直到现在仍然是一个难以超越的票房神话，总票房累计 21.8 亿美元。

由此可知，前面左图的"传统项目管理铁三角"概念忽略了"价值"这一重要因素。右图的"敏捷项目管理铁三角"强调，团队应得到来自市场的真实反馈，以此来帮助敏捷团队持续不断地、尽早地交付有价值的软件。

在追求价值交付过程中，我们越来越多地发现敏捷项目管理中有着至关重要的一环，人，也就是我们的团队。价值是人创造的，是为人服务的，很多敏捷实践都围绕人展开。我们试图找到一种通用的方法来最大限度地发挥人的能量。未来社会最有价值的人，是以创造力、洞察力和对客户的感知力为核心特征的，我们相信这样的团队能创造最大的价值。

下面将以我在 Thoughtworks 的项目经历为例，讲述 Thoughtworks 日常交付项目中主要使用的敏捷实践如何帮助团队实现最大的价值。

用户故事

用户故事(User Story)是敏捷开发的基础，它从用户的角度来对需求进行描述。软件开发是为了实现产品的商业价值，满足用户需求。只要需求足够明确，所有人都了解其具体内容，团队就能简单有效地把需求转化成可实现、可测试、能够发布的代码。为了实现这个目标，需要找到一种方法来描述需求，让所有人都能对任务的范围有一个共同的认知。这样团队对任务完成会有一个共同的定义，不会出现"你做的不是我所要求的""我忘了告诉你这个需求"等类似的问题。

用户故事体现了用户需求以及产品的商业价值，同时定义了一系列验收条件(Acceptance Criteria，AC)。只有团队完成的工作符合这一系列的 AC 时， 才算真正完成了这个用户故事。一个用户故事通常包括三个要素。

- 角色：谁要使用这个功能。
- 活动：需要完成什么样的功能。
- 商业价值：为什么需要这个功能，这个功能带来什么价值。

用户故事可以有不同的展现形式，以下是其中一种：作为一个<某种类型的用户角色>，我要<达成某些目的>，只有这样我才能够获取<商业价值>。

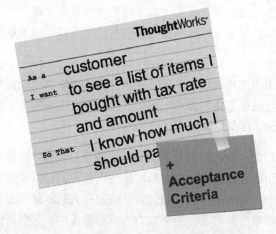

▲ 故事卡及验收标准

所以用户故事一旦被确定，那么它所要实现的功能、需求范围、所需工作量也就随之确认了。之后开发人员所要做的就是根据这个用户故事的内容进行开发，只有当所有 AC 被覆盖到，测试人员完成测试，发现所有功能是可测试的、可运行的，这个用户故事才算完成了。

估算和迭代计划

团队在动手开发一个用户故事功能之前，应当对实现这个用户故事所需要的工作量有清晰的认识。如马丁·福勒(Martin Fowler)所说："估算的价值体现在可以帮助你做出重大决策时"(Estimation is valuable when helps you make a significant decision)。只有当团队对达成一个目标的工作量以及完成它之后的"收益"有明确的认知，才能做出明智的决定。

当团队在为工作排定优先级、制定迭代计划时，业务分析师需要知道每个用户故事的成本，团队成员需要知道每个用户故事的价值。有很多种估算用户故事工作量的方法，其中一种就是把完成这个用户故事所需要的点数(根据用户故事的复杂度估算)写到对应的故事卡上。估算可以帮助团队以不同的方式，对实现即将开始的用户故事、未来的架构方向和代码库的设计，有更好的理解。一个迭代能完成多少个点数是能估算出来的。也可以使用一些工具统计出过去每个迭代所完成的点数，比如燃尽图。

只要整个团队共同协作，估算本身也可以变成一种很有意义的活动。它有助于团队增进理解，并保证团队每个人都对要交付的需求范围和价值达成共识。让评估变得更有趣的是，通常不采用简单连续的数列，比如 1，2，3，4，5 等，而是采用一种近似菲波拉契数列的形式，像 1，2，3，5，8，13 等(正如《达芬奇密码》里面看到的)，数字越大，相邻数之间的间隔就越大，使得团队更容易区分哪个故事更小、哪个更大。

在做迭代计划(Iteration Planning)时，团队需要从客户价值维度和技术风险的角度来排定优先级。下图中是常用的工具之一，需求优先级矩阵。

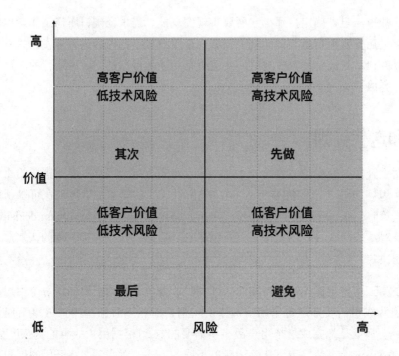

高

高客户价值   高客户价值
低技术风险   高技术风险

其次   先做

价值

低客户价值   低客户价值
低技术风险   高技术风险

最后   避免

低   风险   高

↑ 需求优先级矩阵

迭代会议和功能演示

敏捷宣言里面有一条：客户协作优于合同谈判。在敏捷团队中有一个角色叫业务分析师(BA)，其核心职责是确保业务需求的清晰和透明，保证开发团队对业务有足够的理解，并将这些待完成的用户故事按照优先级排列出来，以任务卡的形式来驱动团队的开发。

迭代会议(IPM)通常发生在每个迭代的第一天，团队成员一起制定迭代计划。这个会议由 BA 主持，大家一起同步几个方面的内容：

- 下一个迭代的用户故事
- 对下一个迭代的期望和计划
- 风险的评估和总结

不同的人对需求有着不同的理解，所有团队成员都要对用户故事所有相关内容、所要实现的功能、满足哪些条件用户故事才算完成达成一致。迭代会议的主要产出是下一个迭代中需要完成的用户故事，这些用户故事即为下一个迭代所要完成的主要目标。

功能演示(Showcase)是敏捷开发流程中的又一个实践，通常发生在每个迭代的最后一天，目的是演示可工作的软件。团队把一个迭代中开发好的功能给相关人员演示，并收集反馈，以便在下一个迭代中可以对变化作出快速响应。

站会和用户故事开卡

简单地说，站会是团队在一起快速地开一个会(通常在物理墙前)，成员逐个更新自己的状态。更新包含以下几个方面：

- 昨天完成的工作；
- 今天计划做的工作；
- 面临什么阻碍，需要什么帮助；
- 自己手头用户故事的进展，是否存在技术风险。

既然是快速的会议，站会的时间就不宜过长，10 分钟左右为佳。建议团队成员站着开会，因为有研究表明，当人们坐着开会的时候，会议的时间会被无形中拉长。

下面有一些实践原则。

- 团队成员都要参加站会，轮流主持，谁迟到了都不等，仪式感很重要。
- 站会的时候，每位团队成员围绕故事卡进行更新。介绍一种有意思的实践，使用 Token，也就是使用一个实物作为"令牌"，准备发言的人首先取得"令牌"，发言完成后将"令牌"传给下一个人。令牌要醒目，可以是毛绒玩具，也可以是一顶帽子。

用户故事开卡(Story Kick-off)指的是在每个用户故事开发之前，要确保 BA、DEV 和 QA 对用户故事理解一致。这个沟通活动通常表现为由 DEV 讲解这个用户故事要完成的功能及 AC，一旦发现任何疏漏，BA 及时补充。DEV 有任何疑惑，也需要及时提出来，当场确认，使这些功能得以正确实现。在后续开发中如果碰到任何疑惑，也应及时找 BA 了解清楚。QA 会严格按照 AC 来验收用户故事。

代码审查和回顾

代码审查(Code Review)是指开发团队在完成每天代码之后，聚在一起评审当天的代码，这样做有几个好处。

- 团队经过一天高强度的思考与编码，适当停下来，看看其他人写的代码，同时将自己的代码讲解出来，往往能获得一些意外的灵感，或许能解决自己面临的阻碍。
- 互相了解设计思路，获得更好的建议和进行思路重构，提高代码质量。
- 及早发现潜在缺陷，降低事故成本：如果这个时候发现代码的坏味道和一些需要改进的地方，代码审查结束后可以花少量时间进行更改。
- 促进团队内部的知识共享。

回顾(Retrospective)的目的是通过新的沟通形式唤起大家对团队的集体意识，指出团队或个人在一段时间内的不足并列出对应行动。持续而有效的回顾和反馈，可以保证团队关心生产力和效率，了解自身的不足，这将成为团队持续改进的起点。

回顾的关注点也多种多样，除了"项目开发"之外，还可以关注"敏捷成熟度""团队角色和职责""人员技能提升"等。在坚持回顾的同时，需要做的还有保证回顾的有效性。应根据团队建设目标的发展变化，不断调整回顾的关注点和形式，确保回顾能够有针对性地发现团队的缺陷并转化为实践。长期有效的回顾和正确的回顾产出，还能够不断提升团队内部的安全感和信任度。

回顾的形式和方法非常多，最常见的是下图所示的 Well & Less Well。

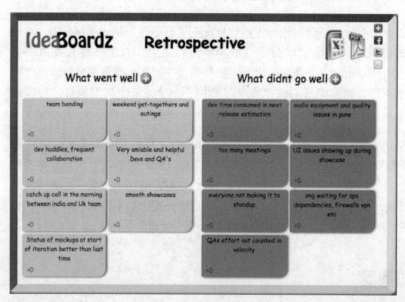

← 回顾

最大程度的可视化

看板源于精益生产实践，敏捷将其背后的可视化管理理念借鉴过来，形成了具有自己独特风格的可视化管理工具。

在敏捷项目里，挂在墙上的"人人可见的大图表"是一种普遍的实践，它被用来共享项目的状态并将之可视化。比如表示项目状态的物理墙，这样的物理墙通常包括三个元素：时间、任务和团队。

◀ 看板墙

除了表示项目状态，项目团队还会可视化其他的元素，比如团队应坚持的规则、项目上的经验分享以及项目的里程碑。

◀ 工作可视化

一般来说，通过有关联的团队和个人之间相互协商，可以识别出未来一段时间里各自的活动，以及相应的、对成功的衡量方式，然后将其可视化出来，每段时间再回顾和调整一次。有了这样的可视化，团队会更加容易对齐目标，并不断培养和加深责任感。

可视化带来了以下好处。

- 日常工作透明，将迭代过程中所有的故事卡可视化出来，团队成员可以随时知道当前需要完成的工作以及将要完成的工作。由于人对视觉反应更灵敏，可视化的故事墙能立刻聚焦团队的注意力。
- 将迭代过程中遇到的问题暴露出来，可以促进团队成员在工作中一起积极讨论解决方案。
- 团队也可以根据现在的进度以及遇到的问题，了解需要哪些帮助，从而更好地分配资源，减少开发进度滞后的风险。

沟通计划

敏捷里面的自组织团队其实是敏捷的结果，而不是先决条件。实施敏捷的过程也是打造自组织团队的过程。每个团队成员在面对"做什么、怎么做"的问题时，也会以自组织的方式去解决。每一天，团队中的每一个人都要其他成员保持协调。为了保持同步，我们会创造基于敏捷实践的沟通机会，这个也是实施敏捷的过程之一。

在 Thoughtworks，有一个非常有名的活动叫 Inception。Inception 是启动软件设计和交付项目的方法，通过集中式、互动式的设计工作坊，帮助客户在最短时间内对项目范围达成一致，快速进入项目交付。而 Inception 的一个产出就是沟通计划(Communication Plan)。比如在这个沟通计划中会讨论：以什么频率、什么形式作项目的更新，比如说每周五以周报的形式作一些主要信息的更新；站会和迭代会议什么时候召开，需要邀请哪些人，比如业务负责人和技术负责人等。

下表这些内容都会在沟通计划中定义清楚。

项目活动	建议频率	目标	参与者	活动输出
每日站会	每天	跟踪项目进展和问题，同步项目组成员的状态	项目组成员	无
每周项目更新	周报	常规性的对项目负责人和领导更新项目进展和风险提示	项目组 Team Lead 客户业务负责人和技术负责人	邮件附带周报
产品方向讨论会	按需	回顾项目状态，讨论项目问题，产品走向和下一步计划	BA & UX，技术负责人客户业务负责人和技术负责人	会议纪要
迭代需求沟通确认会议	前期高频，每周4次 后期低频，每周2次	随着项目的展开，BA和 UX 协同业务负责人，细化和确认更多，更深入的需求	客户业务负责人和技术负责人 BA & UX	后续迭代的用户故事和需求确认原型设计+线框图 *需求问题的确认使用邮件的方式
迭代计划会议	每个迭代第一天	制定当前迭代的计划，项目组成员针对故事卡同步对最新需求的理解，制定故事卡的验收标准	项目组成员客户业务负责人和技术负责人(可选)	当前迭代的计划迭代故事电子墙迭代故事 物理墙
迭代展示会议	每个迭代最后一天	面向项目负责人和领导，展示项目进展，演示当前产品功能，获得客户认可，同时收集反馈	项目组成员客户业务负责人和技术负责人	Showcase 报告反馈列表 *Showcase 是保证项目持续交付的重要保证
迭代回顾会议	每个迭代最后一天	项目组内部针对上一个周期做总结回顾，找到需要坚持的做得好的，同时针对有待提高的方面制定改进行动	项目组成员客户业务负责人和技术负责人(可选)	改进行动条目和执行人
代码展示和学习(Code review)	每天	项目组成员轮流展示当天的代码，用户互相了解实现设计，以便可以统一代码风格，相互参考设计思路，发现潜在的风险	项目组成员客户技术负责人(可选)	代码改进

回到前面开头的部分，我认为可以将敏捷实践和解决方案做如下对应。

团队目标不一致

- 用电子墙和物理墙展示用户故事、需求全景图、项目进度燃尽图；
- 通过迭代会议和功能演示会议对齐迭代计划，项目进度、识别项目风险。

团队成员不熟悉

- 基于敏捷实践，创造更多的沟通机会，比如回顾会议、代码审查和站立会议。通过不断创造这样的沟通机会让团队成员配合更默契。

信息发布不顺畅

- 共享信息，制定沟通计划。
- 最大程度的可视化。

前面提到很多类型的敏捷实践，这些实践需要贯穿到团队的日常活动中去，持续实施和改进。行为心理学研究认为：21 天以上的重复就会形成习惯。任何一个动作，重复 21 天就会变成习惯性的动作；任何一种想法，重复 21 天或者重复验证 21 次，就会变成习惯性的思维方式；任何一种信念或者有益的实践，经过团队持续验证，它一定会成为团队的信念和实践。

结语

剑道中有这样一个心诀：守、破、离。

- 守：最初阶段须遵从老师教诲，认真练习基础，达到熟练的境界。
- 破：基础熟练后，试着突破原有规范让自己得到更高层次的进化。
- 离：在更高层次得到新的认识并总结，自创新招数，另辟新境界。

项目管理者中的大多数人都处于"守"的阶段。他们学习、吸收了前人的项目管理经验，带领自己的团队有序地开展项目交付工作，但是，他们经常困惑于某些在管理中反复出现的问题，苦于找不到有效的解决方法，不得不在新的项目中重复之前的困惑；

有的项目管理者已经达到了"破"的层次。他们能够以全局优化的角度去总结自身项目管理的经验，并通过学习、分享及各种交流平台去开阔眼界，拓宽思路，借鉴或改良项目管理的方式方法，使之更适用于团队。

而所有项目管理者的最高目标则是"离"。随着项目经验的不断积累，对管理的思考日渐加深，对项目管理有了新的、更高层次的、属于自己的独特认知，并将其应用在实践中，独辟蹊径，使整个项目管理思路焕然一新。

希望越来越多的项目管理者能够达到更高的阶段。这是我们在项目管理中不变的追求。

第 11 章

也谈精益

精益对大家来说都不陌生了，无论是最开始提取的丰田制造原型，还是后面延伸出来的物流供应链管理，再到近两年颇为流行的精益创业(Lean Startup)，都在不停刷新着"精益"这个概念。最近也不乏把精益当成"热词"来包装的各种理论，以至于很多客户建议我另外给"精益企业"取个名字。我一般都会礼貌地回答说："看精益屋吧，我们并没有发明什么新东西"。

```
                          专注客户:
                   制度落地、节拍时间、平衡生产、
                   全员参与、精益设计、A3思考

   ┌──────────────┐         ┌──────────────┐
   │   实时生产系统  │         │    自动化     │
   ├──────────────┤  全员参与  ├──────────────┤
   │ ·流式制造     │ ·标准作业  │ ·防错法      │
   │ ·平衡生产     │ ·5S       │ ·区域控制    │
   │ ·节拍时间     │ ·改进型    │ ·可视化次序(5S)│
   │ ·拉动系统     │ ·工作建议  │ ·问题解决    │
   │ ·看板体系     │ ·安全活动  │ ·劣质品控制  │
   │ ·可视化次序(5S)│ ·制度落地  │ ·人机工作分离 │
   │ ·稳定过程     │           │ ·全员参与    │
   │ ·全员参与     │           │              │
```

标准作业 看板体系, A3思维	标准化	可视化次序 (5S) 制度落地
标准作业, 5S 自动化	稳定性	TPM, 平衡生产 看板体系

↑ 精益六西格玛

当然，精益屋所表达的架构其实还蛮复杂的，也不是一两篇文章可以论证的，日本和美国管理学界也没有达成完全的一致。很多人的疑惑是咱们好歹是 21 世纪的新兴产业，肯定跟上个世纪的汽车制造业有不同吧？还用精益思想合适吗？这里我来谈谈自己的理解，抛砖引玉。

精益思想为什么适合于咱们这个行业，在我看来，有以下两个因素。

1. 追求快速价值交付的小批量生产模式。
2. 追求极致卓越的匠艺文化。

追求快速价值交付的小批量生产模式

"这个谁都知道。""这不等于白说吗！""这个太虚，来点干货吧！"……

这些都是每次抛出这句时会收到的反馈。然后我反问，"能给我讲一下你最近交付的一个功能挣了多少钱吗？"一般这个时候，对方会回避我真诚的目光，嘴巴上说着"我们的系统很复杂，一个功能太小了……"那么我们再来看看各个岗位的绩效考核吧？开发了多少条需求和测试出了多少 Bug，横比环比增长了多少都是报告中的常客。这里的"价值"被定义为了每个角色、每个人的阶段输出，类似富士康流水线上生产一个 iPhone 零部件的工人，至于最后是 iPhone 6 还是 7 于这个工人其实并没有太大关系，反正这批订单 200 万台，本周就得搞定，做得越多，个人收入自然会更多。

例子告诉我们，并不是所有的生产模式都是追求"小批量"的，富士康在生产模式上是成功的，甚至是行业标杆。而丰田制造当年形成精益的生产模式，其核心是追求对市场变化的响应力，即用户一旦变了口味想开 SUV，轿车生产团队及流水线能够很快调整开始生产 SUV，并且我能够通过这种能力快速验证 SUV 的市场是不是真的。在这样的生产模式下，较之每个员工的资源利用率及输出，我们更关心的是"需求"是否能够在团队快速流动产出最后的产品，应运而生的是对生产批次小规模化及人员跨职能的要求。持续交付(Continuous Delivery)显然是咱们这个行业对这小批量生产模式的总结。

当然，不用论证的是科技行业的市场是持续变化的，具有不确定性，所以逻辑上这种生产方式应该是必然的，即使是所谓的后台核心系统，其需求也不得不跟着所谓的前台用户需求变。很多人会说这个很自然啊，咱们拆了 Story 做迭代不都是这样吗？那么有多少次大家会说"这几个 Story 关联很紧，客户都要，我一起开发(测试)了，效率高一些""上线走流程麻烦死了，咱们还是一个月上线一次吧""所有都是 Must Have，砍不下去了，PM 上去磕客户了"……

↑ 骨感现实

当然我们不否认有的时候这些意见表达的可能是正确的选择，但显然，坚守这样的生产方式就需要在这些时刻去思考是否大家真的都运用了精益思想来指导自己日常的生产工作。

这个时候可能会有大牛又跳出来拍一砖："看吧，还是管理的人不懂精益！"

那么技术人员真的理解了"小批量"的含义吗？在你的内心深处是否理解包括 TDD 这样的基础技术实践是在践行精益"小批量"的价值观？用测试来描述一个业务小场景，然后加以实现，这种小步前进的方式正是个人对精益思想的日常修炼！每个"小批次"业务场景实现后，都要严格重构，追求代码的极致简洁，这又是我们接下来谈的对"匠艺"的卓越追求。那么环顾四方，环顾整个行业，有多少工程师能够坚持 TDD 呢？当开发进度紧张成为压力的时候，有多少人是选择第一个放弃 TDD，将"小批量"原则第一个放到裤兜里的呢？！

追求极致卓越的生产匠艺

回到富士康流水线上，一个杀马特造型的青年在熟练地完成着 iPhone 屏幕的组装，他下意识地拿着工具钳咯噔一下，熟练地把一个屏幕扣入了 iPhone 的背壳，时间不到 10 秒钟，然后他开始重复循环。他的眼神好像有点游离，嘴角不时露出微笑，脑子里在回忆着昨晚和兄弟们撸串时的高谈阔论。他到岗 1 个月，第一天就学会了这道工艺，除了有一次把屏幕扣反了，这一个月还没出过啥问题。最近谈恋爱花钱不少，他每天都工作 10 个小时，虽然辛苦但想到和女友的甜蜜时光，还是觉得值。

与此对等的场景是一个蓬头的程序员，对象(OO)也搞了 5 年了，这次遇上了函数(FP)项目，于是 WTF 成了口头禅，有时候在结对时忍不住说了还得道歉。最近代码审查(code review)出来问题很多，功能是没问题了，但老是想着修改变量值。每天盯着屏幕的眼睛有几根血丝，脑子里不时闪过无数匹马从 Monad 身上压过去，都上项目一个月了，最近几个 Story 还是被 QA 揪出不少问题。虽然"心中"苦，这段时间还是觉得很充实的，回家路上，地铁成了最好的思考地儿，有时候突然开悟，回家兴奋着也想来个 session，当然结果一般都是迎来家人二次元的眼神。每每这个时候都希望第二天快点开始，能够去把代码重构了，实践一把自己在地铁上的灵感。

这两个场景很普通，在这两个行业里可能比比皆是。我们经常会开玩笑说一个卖体力，一个卖脑力。但其实本质不同，生产者采用的生产方式不同：在流水线上的杀马特青年需要的是严格遵循制造工艺的每一道工序，通过不停重复形成肌肉记忆；而程序员需要的是认清自己认知的局限性，通过不停学习形成更好的解决方案。好的流水线生产者能够通过认真练习、快速形成肌肉记忆，使自己的产出效率和成功率都能够达到一个高水平。好的程序员能够通过刻意练习形成大脑的思维体系，从而能够持续提升自己面临新问题时的响应力。由于丰田当时的"特殊"市场环境，迫使其表面看是一个偏重于前者的流水线，但实际却是走出一条持续学习和提高的文化之路，收获了对市场需求变化的高响应力。

所以有人会说："对嘛！管理层都想着用熟练工，所以没法有精益的文化了！"

咱们还是小处着手，刚才谈了 TDD，现在谈谈结对。曾经作为一名 PM，我也为两个人结对指着代码论道半天感到非常恼火，虽然内心万马奔腾，但对"匠艺"的认可还是阻止了我去拆散他俩，毕竟我清楚两人确实是在讨论重构而非其他琐事。当然，事实证明他俩现在都是业界有名的敏捷和架构专家了，好歹也算是对我当年苦难的回报。

再次环顾四方，环顾整个行业，有多少工程师能够坚持结对，甚至代码评审？有多少人希望能够在功能已经实现的代码之上持续追求卓越，而不是想着我自己干实现快好交差。至少这么多年的咨询生涯所见者有限，令人惭愧的是代码评审成了咨询需要去说服团队的日常工作之一。如果都没有分享和交流，甚至是争论，真正意义上对极致卓越的追求又从何谈起呢？

结语

这可能只是整个精益思想落地层面的两个具体方面，但就我个人的体会而言，要做到已经非常困难了！即使在 Thoughtworks 这样对敏捷高度认可和实践的团队里，要坚持做也可谓是一件艰苦卓绝的事情。什么事情喊口号容易，持之以恒的一万小时是每个希望成为精益践行者必须经历的磨练。"着眼于长远"，精益的另一个基本原则送给还在坚持的同学们。

第Ⅳ部分　转　　型

第 12 章

团队敏捷转型的三个阶段

在国内做咨询的这段时间里，前后帮助三个客户在数十个团队做敏捷转型。在这个过程中，见到了不同思想的团队领导，也遇到了能力参差不齐的团队成员，他们都面临着共同的问题：一方面有着自上而下的压力，却缺乏视野和自学能力，不知道自己究竟应该做什么；另一方面，敏捷的定义模糊且众说纷纭，自己又缺乏自主的独立思考能力，对怎么才算敏捷转型成功充满疑惑。

在被客户无数次问及以上问题后，我自己也感到疑惑，因为即使在 Thoughtworks 内部，这也没有标准答案，甚至我在面对不同客户时，会根据当前的目标产生不同的答案。因此，我一直在不断思考一个问题："当下一个客户再问我类似问题的时候，我能不能有一个更明确，更体系化的答案？"在和各业务部门的同事交流后，我得到了一些答案，在此先做一些整理，分享给大家，期望引发后续的讨论。

团队敏捷转型分为三个阶段。

我们假设，敏捷转型的开始是瀑布式开发，我把这个阶段定义为 Agile 0，根据我们的敏捷成熟度模型(AMM)里提及的最终形态定义为 Agile 5，期间会经历三个阶段。

阶段一(Agile 0~1)：建立敏捷流程，缩短交付周期

这个阶段，引入迭代或者建立看板是重点，类似于下图。

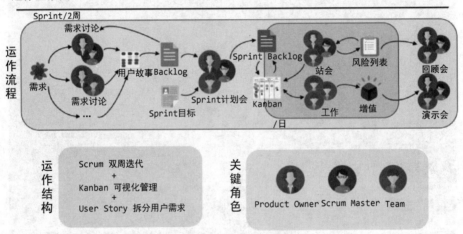

↑ Scrum 运作全景图

这个阶段的主要目标，就是将需求的反馈、开发质量的反馈、以及改进周期缩短在一个迭代内(通常 2~4 周)。为达到目的，教练主要采取以下行动。

- 培训，给团队培训敏捷流程、各角色的职责以及各种工具的使用(比如 Jira)。
- 现场指导，先带领团队走完整的敏捷流程，通常会有几个迭代；然后观察团队自己执行流程，并帮助团队改进；最后不再参与这类活动。
- 需求梳理，指导 PO 和 BA 建立需求全景图(比如用户故事地图)、拆分 Story、排优先级以及和团队其他成员协作等；制定 Story 编写规范，Story

价值流和建立 Story 看板。

这个阶段主要培养的目标，是 Scrum Master 或者类似的角色，让他们能了解敏捷流程的运作方式，并能带领团队在教练不在场的情况下，依然按敏捷流程运作。

要走过这个阶段，有一些关键指标。

- 交付周期 <= 3 周：如果是迭代开发，则应该每个迭代小于 3 周，并且每个迭代都有发布；如果是用看板，则 Story 的前置时间应该小于 3 周。
- 上线的已知缺陷数 = 0：有些企业会给缺陷分级，只要求把高优先级的修复，但是我们推动敏捷，要求质量不可妥协，因此需要转变客户的想法，让客户把缺陷修复放到高优先级。
- 完成率/WIP：如果是迭代开发，为了改变瀑布式开发硬塞需求的习惯，一定要控制完成率大于 80%。如果是看板，那就要控制到 WIP，让每个人专注于一件事的完成。

有些人说为什么不从技术实践开始？设想一下在瀑布式开发中，开发团队几周甚至一个月才交一次版本给测试团队，在这种情况下，开发怎么会有动力写自动化测试？运维怎么会有动力做自动部署？需求没有妥协的空间，设计没有妥协的空间，导致团队的痛点永远是按时交付，质量一定会被牺牲掉。因此只有先强制缩短交付周期，让团队痛点转移，才能改变开发人员对质量的观念。至于这个过程中导致的交付速率降低，我们的观点如下。

- 在敏捷转型前期一定是有所付出的，然而你投入越多，进展就会越快，收益就会来的越早。
- 没有质量的交付不能称为完成，只能叫半成品或者次品。

由此我们来讨论第二阶段

阶段二(Agile 1~3)：引入技术实践，质量内建，减少返工

这个阶段的主要目标，是提升开发人员的质量意识，从而提升开发阶段产出的质量水平，减少后续环节的返工。用质量内建的话来说，在缺陷时就立刻修复。这样做的好处就是同时提高了质量和团队整体效率。其实在软件开发中，生产过程随着开发结束而结束，随之而来的都是检查和传递，因此产品的质量实际是由开发阶段就确定的，如下图所示。

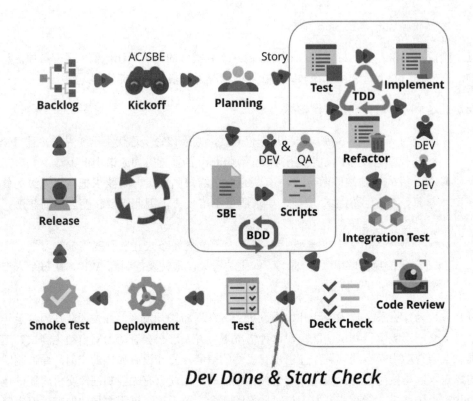

↑ Story 的生命周期

只有提升生产过程的质量，才能减少返工，提高效率，因此我们在这个阶段会引入技术实践，缩短质量验证的反馈周期，主要包括以下实践。

- **单元测试**：单元测试的反馈周期最快，也在测试金字塔的最底层。要求开发人员编写单元测试，一方面可以提升开发人员的代码设计能力，提升代码质量，另一方面可以提升开发人员的质量主人翁意识，让开发阶段的交付物质量有所提高。

- **集成测试**：包括 API 测试和组件测试、契约测试等。这依然是要求开发人员来编写，提高开发人员的能力和意识。

- **UI 自动化测试**：如果是带页面的项目，这个阶段通常都会引入 UI 测试，一般会要求测试人员编写，这个阶段的主要作用是帮助团队提高回归测试的效率。

- **CI**：通过 CI 服务器，将以上测试定期运行并可视化报告，让所有团队看到。同时要求团队第一时间修复 CI。

- **CD Pipeline**：建立自动部署流水线到生产环境，并集成冒烟测试和 E2E 测试等自动化测试，同时实现回滚。
- **Git**：建立使用 Git 的规范，建立分支策略或者指导客户做纯主干开发，培训客户使用 GIT 高级功能，同时解决一些疑难杂症。
- **Operation 相关技术**：指导客户实践蓝绿部署、云和容器、金丝雀发布等。帮助客户设计更好的部署架构和技术架构，同时帮助客户架构师做更好的决策。

这个阶段培养的主要目标就是开发，建立开发的质量意识，帮助开发写出更好的代码，培养开发处理复杂问题的能力。同时开阔团队视野，让团队成员了解更多的技术，学习如何利用新技术提升自己效率。

除了第一阶段的指标继续改进外，在这个阶段，我们会重点关注下面这些指标。

1. CI 相关指标：做 CI 的背后其实是为了培养团队能力

- CI 触发频率 > 开发人员个数：确保开发人员每天每人有提交。
- CI 通过率 > 80%：确保开发人员在提交代码前做了本地自检。
- 最近一周内的 CI 修复时长 < 8h：确定团队对 CI 有足够的关注，没有 CI 红过夜。

2. 质量相关指标

- 一次通过率 > 80%(或者迭代手动测试的缺陷数接近于 0)：Story 开发完成后，会对完成的功能做一轮手动测试。这时得到的缺陷数，代表了开发阶段的质量，缺陷数越少，说明开发人员的自动化测试和 CI 做的越好。一次通过率可以作为更高的要求，因为包括后续的测试环境和生产环境中，产生问题的返工。
- 单元测试覆盖率 > 80%(大家不要纠结为啥是 80%，你也可以改成 79%，或者 100%)：首先要确保单元测试的数量在持续增加，同时要有代码评审的机制来保证单元测试的质量。另外，如果覆盖率造假，那一次通过率一定不会得到改善。
- 测试金字塔：收集各层测试的数据，并关注是否是一个良好的金字塔，给个参考比例 1：2：7。这里需要特别关注的一点，如果发现顶层测试数量太多，通常说明开发人员对自动化测试的关注不足，需要加大对单元测试和集成测试的推广力度。

3. 交付相关指标

- **CD Pipeline 的 Cycle Time < 1h**：这个一定要严格控制，假设一个团队有 8 个开发，每人每天提交一次，那一天至少提交 8 次，如果 Pipeline 跑得太慢，就会影响到大家的代码提交。当然，你也可以把这个时间要求减少，只是我的经验里，有些部署环境复杂、UI 测试写得有点多的团队中，1h 完成已经是一件非常难的事了。
- **一个月内产品事故(Product Incident)<= 1**：差不多就是 1 年小于 10 个的标准，这个数字可以根据不同行业有不同要求，银行业通常会更严格，而创新互联网企业对线上事故的容忍度会更高。
- **其他 SLA 指标**：比如服务可用率、响应速度和负载等，这些指标关系到部署架构和技术架构的设计和实现。

这个阶段会耗时比较长，因此会有两阶的跨度。第一阶是起步，往往会有教练带着团队做重构，写自动化测试 Demo，定规范和总结最佳实践。到第二阶，这些能力就由团队自己去传播，教练只偶尔参加一下代码审查来看看团队是否走在正确的路上。

总的来看，以上两阶段就是帮助客户建立流程，定义参与角色并找到适合的工具，然后通过度量追踪整个转型过程，并逐步引入敏捷实践来提升相关指标。

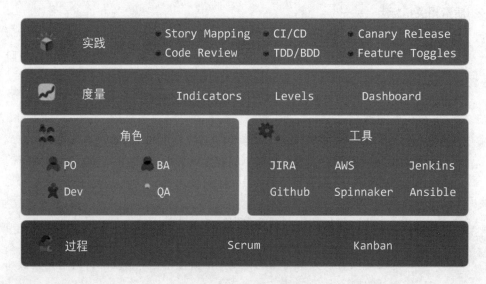

↑ 敏捷转型内容示意图

阶段三(Agile 3~5)：提升价值交付效率和响应力

到 Agile 3 为止，我们一直在告诉客户他们要做什么，试图通过改变客户团队成员的行为，来改变他们的思想，特别是开发人员的质量意识和团队成员的能力。基于已有的成果，这个阶段的目标，就是培养成员的自我提升意识，团队的自我改善能力，并帮助团队建立自我改进的习惯。

因为团队专注于自我改进，因此大家会有自己的改进线路，不过无论如何，都会专注于以下几个方面。

- 更高级的能力建设：能进入这个阶段的团队说明已经具备了支撑快速变化业务的基本能力，因此可以推动更高级的能力建设，比如引入微服务、代码共享和特性团队等，这些能力也能在阶段三之前引入，但是只有在有了阶段二的基础后，才能真正做好)。
- 以教练指导为主：我们教的内容会变少，指导的内容会变多，会让客户自己组织更多的分享，鼓励客户自学，并建立学习型文化。我们会和一些关键人物定期交流和沟通，来帮助他们解决他们所面临的问题。
- 与业务走得更近：团队可以更好地理解业务，同时能给业务提供更有价值的建议，因此很多业务在决策早期就会引入技术团队的成员。另外，团队也能更好地做出业务想要的东西。

在这个过程中，文化贯穿始末。因为团队能力变强，所以更容易建立业务和技术团队的信任，形成信任文化；因为团队养成了自我改善的习惯，所以更容易形成学习型文化；因为大家有信任、有能力，所以会打破原来的控制型文化，培育出创新型文化。这些文化的建立，能更好帮助企业在未来保持良好增长。

这个阶段度量的内容会关注在响应力和创新上，这里给出一些参考。

- 交付周期 < 5d：这是响应力的象征。
- 假设验证率：这个指标可以用来考核 PO，理论上学到的知识越多，这个数字就会越高。
- 其他业务指标：这时团队关注的是如何帮业务走向胜利，因此在软件开发时就会大量埋点用于业务分析。

结语

整个转型的过程，其实是行为改变思想，再通过思想影响行为的过程，当团队中的人员能力慢慢提升，思想也在随之改变，所有人都能对什么是正确的事作出更好的判断，继而走向持续改进的道路。所以如果定义团队转型成功，我认为就是帮助团队建立起了一群能自己做持续改进的自组织特性团队。

团队要经历这三个阶段必然是一个漫长的过程，很多财大气粗的企业一定想知道有没有什么捷径，我的答案是有：敏捷转型的过程就是培养大家能力的过程，既然终点是所有人都拥有很强的能力，那为什么不在一开始就找这样的人来工作呢？

第 13 章

绩效考核，敏捷转型的鸿沟

关于敏捷转型，有多个层次和角度去规划、实践、观察和推动。本章的关注点是，以小见大，从一个转型中的团队不断走向成熟必然遇到的一道屏障展开，希望能够给转型伊始的管理者提供一些实质性的建议。

敏捷转型过程中的必然挑战

团队级敏捷转型的成熟过程可以参考一些文章，比如 Thoughtworks 同事蔡同写的"团队敏捷转型的三个阶段"，其中详细分析了三个不同阶段的关注点和度量指标。另外，Thoughtworks 在对某家全球性银行实施敏捷转型过程中，定制了一个三层的敏捷成熟度模型如下图所示(其他成熟度模型大同小异)。

团队行为
1. 团队追求成效而非输出
2. 打破Scrum/Kaban等规则，形成适合团队自己的规则
3. 自我探索过程中不遵守指令或者既定流程
4. 持续的以团队为中心思考和改进

团队行为
1. 开始讨论不适合团队的实践
2. 理解实践背后的原则和价值观
3. 各个成员形成一个高效整体持续改进，而不是独立个体
4. 尝试打破Scrum/Kaban等流程的规则

团队行为
1. 理解Agile、Scrum、Kanban基础知识
2. 跟随或者照搬敏捷实践
3. 敏捷流程中的环节采用和保持
4. 各个角色明确职责以及能力要求

3级：高绩效
24个月

2级：专家
6～24个月

1级：启动
3～6个月

目标：高绩效的自组织团队
指标：结果性指标，来衡量响应力、质量和交付价值

目标：根据实际情况优化实践，完善各角色能力
指标：过程性指标，比如C/相关指标，质量相关指标；部分结果性指标，比如cycle time、produce incident等

目标：按照敏捷的方式运作起来
指标：过程性指标，比如迭代完成率；一些yes or no的判断，比如可视化、Story的Invest原则、PO, BA等角色是否assign等

⬆ 敏捷团队走向成熟的三个阶段

在团队实施敏捷的过程中，虽然可以按照前述内容或者上图大致的路径推进，但还有很多难以避免的问题，却足以成为敏捷难以为继甚至倒退的关键障碍。典型问题是传统管理方式跟敏捷价值观之间的冲突，其表现如下。

- 经理：敏捷追求的是打造自组织团队和成员能力多样化，那么我如何考核某个员工做得好还是不好？有哪些新的KPI？
- 经理：是不是可以按照一个员工完成的用户故事点数来考核他的年终绩效？
- 经理：怎么样才能促进团队成员之间多协作？一个团队成员请假，这部分工作就搁置在那里了，要是能多协作，就可以替补一下。
- 经理：小李，你看这个任务你来吧，这周五能不能完成？(殊不知，小李心

里想的是本周五休假陪老婆过生日)

- Scrum Master：为什么站会的时候大家都各自更新各自的，没有任何"相互关心"的交流，站会没啥用啊！
- 团队成员：我在迭代开始已经认领卡，我这周快做不完了，为什么要帮他啊？而且我的确不懂他那一块啊！
- 团队成员：今年的绩效考核我的目标已经定好了，如果达不到，我的工资就加不了多少，我还是多关注自己的事情吧。

以上表现，究其本质原因，就是传统的绩效考核方式跟敏捷价值观和原则的冲突。这道文化和价值观的"鸿沟"可能明显表现在团队从 1 级到 2 级，或者 2 级到 3 级之间，因为 2 级和 3 级其目标的实现都需要依赖于一支为共同目标协力前行的高绩效团队(见下图)。为何这是一道鸿沟？我们先认识一下传统绩效考核。

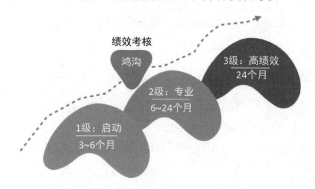

↑ 传统绩效考核是敏捷转型过程中需要跨越的一道鸿沟

传统绩效考核

传统绩效考核的三个目标如下。

1. 提升员工个人的能力。
2. 提升组织产出。
3. 决定涨薪和升职。

一般的做法如下。

1. 每年进行一次年终考核。
2. 年初设定目标，跟部门、团队的目标对齐然后分解。

3. 半年或者一年跟经理考核一次。

4. 最终评级结果决定涨薪和升职情况。

下面举例说明某家企业的绩效考核方式。

目标设定：设定目标的时候会有模板，这个模板自上而下逐层分发到各个部门，员工导入模板后，开始制定目标。目标包含业务目标和跨职能目标两部分。其中跨职能目标，比如安全条例遵守情况；个人学习提升指标，比如组织活动、分享等情况；业务指标，基于业务线以及个人角色来，比如 QA，如何保证产品质量、成功上线等等；

制定目标时间：年初。

考核时间：每年两次，年中和年末；首先需要员工写出自我评价，然后跟经理审。

考核结果：分为 4 个档次，Top、Strong、Meet 和审议。

级别最终评定方式：人事经理会跟员工一对一沟通，很少征求其他员工的意见，会寻求来自于其他管理线的反馈，比如业务线经理和项目经理等。

如何影响涨薪或升职：某个部门每年涨薪预算是确定的，每个团队会分到不同级别的考核结果比例，比如 Top 占比 5%，Strong 为 10%，Meet 为 70%，Below 为 15%。人力经理根据团队考核结果排名，上报到更高层级排名，从而在有预算的这个层级大排名确定最终涨幅或者是否升职。

绩效考核的困境

绩效考核的核心是使用 KPI 考核结果来对于员工的绩效进行排名，从而奖励(加薪或升职)那些排名靠前的员工，迫使靠后员工努力改进和提升。事实上，也许绩效工资能够起到激励排名靠前的员工，但最大的问题是，绩效工资并不能激励排名靠后的员工做得更好。

20 世纪的管理大师爱德华·戴明认为：

> 绩效考核、绩效排名以及年度考核是管理上七大顽疾之一。

对于以上表述，我采访过几个 HR 朋友，他们深有同感，绩效考核的理论和框架很好，但在落地时变成了经理的主观判断。而且绩效考核本身并不是达到绩效考核目标的唯一有效的手段。

以上传统的考核方式跟敏捷原则存在很大冲突，对于建立自组织团队以及职责共享的文化起到十分严重的负面效用。具体如下表所示。

传统绩效考核与敏捷价值观之间的冲突

	传统绩效考核	与敏捷价值观的冲突
对象	考核个人	敏捷原则 7，可用的软件是一个衡量进度的主要指标。一旦重点考核在个人，难以促成团队关注最终产品获得的成效
目标	根据组织、团队的目标进行分解、包含业务目标和跨职能目标	以组织或者团队的业务目标进行分解方向上没问题，难点在于仅仅看个人，很难定义清楚个人贡献的目标到底是多少。特别是软件产品，本身是团队产物，如果要提升交付效率、质量、价值，难以从个人角度定出目标。
考核周期	一般一年考核一次，有的企业半年一次	敏捷原则 12，团队要定期反省如何能够做到更有效，并相应地调整团队的行为。强调快速反馈、持续改进。反馈周期太长，不利于及时调整和提升
考核结果	绩效等级，类似于 A、B、C、D 等不同等级；员工之间排名，最后决定涨薪比例或是否升职	一旦在员工之间进行排名和比较，就很难建立团队之间的信任，难以构建职责共享共担的文化，反而容易形成各自打扫门前雪、各自为战和局部优化的局面
考核结果谁拍板	评级结果由人事经理最终确定，而人事经理一般会征求对员工在不同管理线上的经理们的意见，比如职能经理	管理和团队对立起来，团队成员没法给职位更高的经理反馈以至于影响到他的考核结果，很难赢得信任。团队成员之间也没有反馈机制。无法建立彼此信任。团队成员倾向于遵守经理做出的决定，无论是否合理

显而易见，传统绩效考核已经成为敏捷团队走向成熟的掣肘，成为团队在敏捷之路上走得更远的鸿沟。

如何破局？

作为咨询顾问，需要解决的是如何调和敏捷价值观以及原则与传统企业的控制型文化之间的冲突，为一线经理提出一些切实可行的建议从而保证敏捷转型可以深入展开。不得不承认的是，很难在短时间、小范围内对整个组织的绩效考核机制进行彻底变革，这个话题留到本文最后一部分探讨，但并不是没有可以尝试的方式。

首先讨论一下经理们最关心的如何达到绩效考核目标，其本质是要回答如下关键问题。

1. 如何决定给员工涨多少薪水？
2. 怎么决定谁应该升职？
3. 怎么决定谁应该被解雇？
4. 员工如何能知道他们需要做得更好并努力提升自己？

其实，答案也很简单。

1. 即使没有严格的绩效考核过程，作为管理者，你也能够知道谁做得好，谁做得不好，所以作为管理者，在践行敏捷价值观和原则的同时，照样可以适配传统的绩效考核来得到结论。而且，除了基于绩效的薪酬方式，（PFP，Pay for Performance），还有其他值得探索的薪酬方式。

2. 升职对于高绩效人员来说未必是最好的激励方式。因为在敏捷环境下更倾向于扁平的管理模式，对于"升职"应该重新定义，创造更适合、更具挑战性的新职位给员工，帮助其发挥才能，从而帮助企业提升响应力，提升团队敏捷成熟度，比如转型过程中的内部教练。而且，在传统的职业通道里面，"升职"往往意味着承担更多的管理职责，一个高绩效员工真的喜欢或者擅长做管理吗？

3. 其实解雇一名员工，如果真的必须要这样，不需要等到年度考核或者合同到期再做，虽然好多公司还在这样做，我大学一个朋友最近就遇到合同到期被解约的情况。这样的做法既不经济，也不高效，对双方来说都是失败的方式。遇到绩效不好的员工，首先应该思考的是团队是否给予他及时反馈以及足够的帮助；其次，他是否被安排到了合适的岗位。如果这些问题答案都是肯定的，那么他的工作自然就会被转嫁到其他员工身上。团队应该请求更高层次的职能经理基于事实的反馈，请他另求更合适自己的工作机会。

4. 真正的高绩效员工，未必是为金钱而工作，最能激励他们的是有挑战性的工作和合理的自主权。通过对于产品价值、质量以及交付效率的度量，透明公开可视化这些指标，更容易激励员工做得更好。以产品本身做得好坏作为激励，更持久和长远。员工在透明的工作环境里面的表现为所有成员一览无余，同僚的压力会激励他前行。相反，如果发现不为这些指标所动，不愿意把产品做得更好，就回到问题 3。

所以为了打造高绩效敏捷团队，结合传统公司的管理方式，作为启动，管理者需要把握三个关键"考核"思想的转变。

1. 从考核个人绩效转移为考核团队成效；以产品的好坏来评价团队表现。
2. 从横向比较员工绩效转移为纵向比较个人成长；对于个人的成长，企业应该定义清楚每个角色的胜任力模型，从而帮助员工设定自我提升计划，而不进行员工之间的横向比较。
3. 从长周期考核转移到及时反馈与调整；缩短反馈周期有利于及时改进，相互反馈有利于增进成员之间信任和理解。

🔺 敏捷环境下，绩效考核的关键思想转变

基于以上原则，结合转型过程中遇到的实际案例，给予管理者可以落地尝试的建议如下。

1. 管理者要积极转换思维，参与一线工作，贡献到实际项目中去。这与精益中的 Go see 原则一致，在工作一线才能看到最真实的约束，比如可以尝试做 Scrum Master，或者学习成为企业内部敏捷教练，以及其他自己擅长的业务角色。

2. 通过参与一线工作，改变传统方式中与团队站在对立面的尴尬境地，更有利于建立信任。

3. 通过参与一线工作，更加深入地观察团队成员的表现，从而及时提出反馈和改进意见。

4. 定期跟员工一对一沟通，明确团队需要的胜任力。作为团队的管理者，应该有足够的经验和能力对于日常工作中的所见给予员工及时鼓励或者提供建设性反馈，在此过程中明确团队需要的胜任力，听取员工心声，及时反馈，指引方向；更重要的是要收集员工对自己的反馈，及时调整自己的行为。

5. 透明"考核"过程，全员参与。尝试每月开展一次类似于 360°反馈的茶话会，团队轮流分享自己在过去一个月的成长与进步、还存在的不足、面临的挑战，开诚布公的分享自己开心的不开心的事情。也许刚开始大家放不开，多尝试几次，每次换一个主持人，选择比较轻松的环境进行，慢慢就会有所收获；这是对大家的持续"考核"，也是对自己的"考核"。

6. 鼓励建立敏捷文化，身体力行。深入理解敏捷的价值观与原则，避免微管理，尝试针对不同任务对员工赋权；给予团队成员试错空间，持续从成功和失败中学习，坚持分享，不要置身事外。

7. 引导团队坚持每个迭代回顾。将团队的注意力集中到改进产品上，而不是关注自己的 KPI，强调团队的目标是把产品做好。

8. 可视化所有产品度量指标。关注产品好坏，比如质量，交付价值等，度量端到端指标，比周期时间，上线后的缺陷数，缺陷修复时间等等，聚焦团队目标。

9. 可视化团队成员贡献。比如建立团队成员学习与分享的物理看板，从而形成正向激励，记录每个人的贡献，建立职责共享文化，自己也要积极参与。

10. 积极与自己的领导明确敏捷价值观和原则，积极争取自主权，影响其他管理者。

如果能够坚持做到以上各条，利用以上渠道获得的团队信任和事实依据，传统的绩效考核结果也会得到团队的认可。

正如《管理 3.0：培养和提升敏捷领导力》所说，所有变革最后的失败都是管理的问题。对于转型中的组织，特别是一线管理人员，应该把绩效考核这种管理手段当成"敏捷铁三角"中的一角来对待，那就是调整约束。把它当成跟时间、成本、资源等类似的约束因子来统一管理。一家企业之所以存在，有其独有的文化和运作规则，只有调和好约束，才能最大化敏捷的价值，如下图所示。

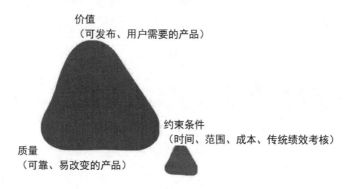

🔺 调和约束，最大化敏捷的价值

管理者应该将"传统绩效考核"视为敏捷项目管理中需要调和的约束条件之一

清华大学管理学教授宁向东一针见血地指出，管理，其本质就是关于如何"破局"的智慧。所谓"局"就是管理者周围的各种资源相互联系，相互作用的一种状态。以上约束，也是软件工程表现出来的组织复杂性，也是一种局。

最后，绩效考核的未来有不少探索者认为是没有绩效考核。2017 德勤全球人力资本趋势报告指出，过去 5 年，新型绩效管理实践成效显著:在重新设计绩效管理的企业中，有90%的企业在员工敬业度方面有直接改进，96%的企业反馈其流程更加简化，而83%的企业称其员工和经理之间的沟通质量有所提升。

绩效考核领域正在飞速改变，让我们拭目以待！

第Ⅴ部分 案　　例

第 14 章

一个交付故事

技术带来的新挑战

如果我们回到 2005 年，我们所交付的软件基本是下图这个样子：一个框架、一个数据库，也许有一些 OLTP 的过程来支持报表功能。那个时候，Web 2.0 是当时的热词，jQuery 还非常时尚。每半年或者一年，有一个发布的流程把这样的一个软件包部署在几台服务器上。

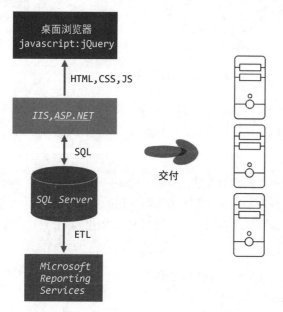

◆ 十多年前的软件

今天，这样的软件系统依然存在，然而，下图展现的才是一个更加典型的软件系统。我相信在这幅图里，一定有什么东西已经不复存在了，因为每隔几个月，就会有新东西出现。Thoughtworks 技术雷达是从 2011 年开始发布的，我记得当时的雷达上只有 30 多个 blip，然而看看今天的技术雷达，这个数字已经上升到了足足 100 多。

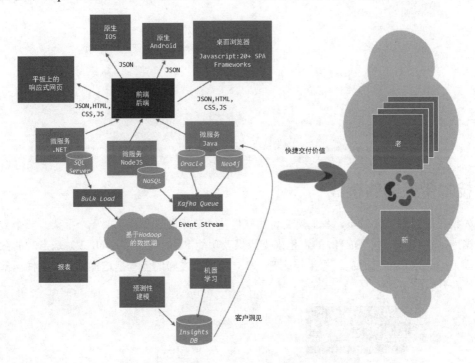

↑ 更有代表性的现代软件

这产生了一个非常有趣的趋势，使用每一个具体的技术来构建应用变得越来越容易，然而具体的技术本身的生命周期却越来越短，这导致了整体复杂度的上升，而这种新的复杂度，带来了与以往不同的挑战。

引入新的技术，有时会带来新的做事方法，有时会带来结构上的冲击；整体复杂度升高，带来的另一个问题是决策点越来越多，在不断变化的技术选择中做出决策是另一个挑战；由于技术的生命周期越来越短，技术会以更快的速度过时，如何从这样的遗留系统中走出来也是一个挑战。

有意思的是，这样的挑战，在我们经历过的长期项目上，都有非常明显的体现。

自治团队的演化

我们与 A 记之间的故事是从 2010 年底开始的，那时候，所有的团队在本地做构建，然后把 RPM 包发给运维团队，运维团队把 RPM 包部署到数据中心里去，部署过程基本上是手动完成的，开发团队与运维团队完全分离。

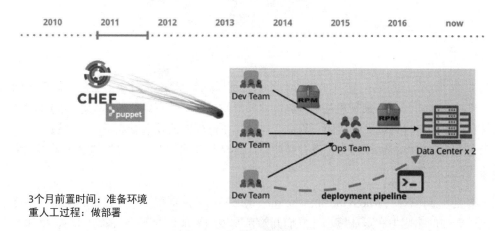

↑ 繁重的人工部署

当时，虽然"持续交付"的概念已经提出来了，然而市场上并没有特别成熟的工具支持，有一次为了做个集成测试，整整花了 3 个月才把环境准备好。这个过程实在是太痛苦了，于是在 2011 年初，我们的一个团队开始用 puppet/chef 和 shell 脚本构建持续部署流水线，其实也就是两个人。也是因为看到了自动化的价值，于是 A 记开始评估是不是要上 AWS。

从 2012 年到 2013 年，AWS 来了，每个人点几个按钮就能申请一台机器，于是突然间，每个团队都开始构建自己的自动化部署能力，持续集成流水线的产物，也从 RPM 变成了 AMI，而这种技术的采用导致了一个很有意思的现象。因为大多数的部署步骤全都嵌入到了持续集成流水线里，维持一个臃肿的运维团队就变得完全没有必要了。于是为了更好地推广自动化能力，每个开发团队"嵌入"了一个运维，与开发团队一起自动化部署流程。发布的流程也变得非常简单，只有两个人负责所有团队的发布工作。

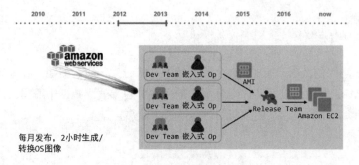

↑ 运维嵌入开发团队

到了 2014 年，终于 A 记几乎将所有的系统都迁移到 AWS，几乎所有的团队都开始使用 CloudFormation 来管理基础设施。这又导致了一个很有意思的现象，因为环境准备和部署的流程通过更成熟的工具完全自动化了，软件的发布变成了一次按钮点击，一个中心化的发布过程也变得没有必要了，这个责任就"去中心化"的落到了每一个团队自己的头上。

"谁建，谁运行"(Who builds it, who runs it)这样的理念催生了更加自治的团队，创造出了更强的响应力和责任感。开发们开始自发地用更加标准的方式来写 log、更加关注系统的监控、更自主的诊断线上问题。于是发布周期大幅缩短，从月度发布到每周都能发布。再加上微服务架构的采用，让团队的结构再一次发生了变化。

团队变得更小，运维完全本地化到了团队里，开始一起做 Story。跨团队的知识共享由一个个的虚拟团队负责，下图这种 Spotify 的团队结构，一方面把权责都交给了开发团队从而减少组织摩擦；另一方面，实践与治理的方案也更多作为上下文跨团队进行分享，而不是自上而下推进执行。

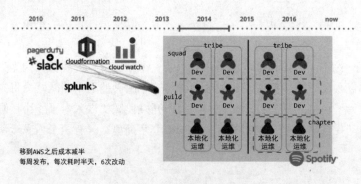

↑ 更小团队和更快的发布周期

从 2015 年到 2016 年，Docker 来了。除了大幅提升打包和部署的速度之外，更重要的是，开发与生产环境之间的不同进一步被消弥，部署的编程模型变得更加简单，而这为标准化部署方式提供了机会。A 记的架构组推出了一个基于 Docker 的工具，基于提供了的抽象层，把部署相关的实践和工具全都抽离到了开发过程之外。

于是，开发团队只需要专注于开发 Cloud-native 的应用，部署相关的过程全都交给了统一的工具来处理。之后的效果是显著的，从 2015 年到 2016 年，AWS 上服务的个数增长迎来了巅峰，A 记也终于做到了随时都能部署，新的功能几分钟就能上生产环境。

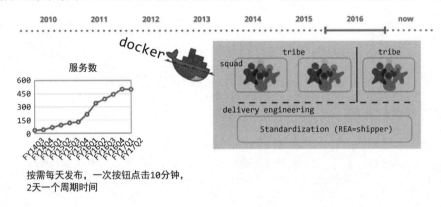

↑每日一键部署

我们与 A 记之间故事的明线是团队结构的不断变化，然而背后的暗线，却是技术趋势以及所带来的影响。在采用新技术的同时，调整团队结构，给予团队更大的自治，从而释放生产力，这是高效交付的秘诀。

故事依然还在继续，总是有新的挑战在前方。因为市场的压力，A 记一方面需要进一步通过标准化来降低成本，另一方面，也需要拓宽自己的产品范围来赢取更多新的客户。这个挑战是所有成功的公司都正在面临的。

在新一期的 Thoughtworks 技术雷达里，提出了"平台风险"(The Risk of Platform)这样的概念，每个成功的互联网公司都有一个基础平台来更好支撑和实施自己的业务战略，这正是现在 A 记想要前去的方向。而平台思维的关键并不是如何吸引开发人员，更多的是把开发者当作平台的客户，专注在如何提升开发团队的体验、关注在如何打造一个平台来为开发团队提供更多的自治，从而释放出更大的生产力。

随着开发团队有了越来越大的自治权，随之而来的是更大的责任，如何保证这种力量发挥在正确的地方，就是下一个故事了。

第 15 章

又一个交付故事

上一个故事是关于自治团队解放生产力的，除了生产力之外，交付的另一个关键因素是软件架构，架构是在软件开发过程中并不那么容易改变的东西。然而与过去时代所不同的是，今天的软件架构并不是所谓的架构师高高在上做出的一些决策后就不再改变了，在这个技术快速变化的时代，今天的架构更像是在时间线上一系列的轻量技术决策积累的一个结果。

而这个故事，就是关于技术决策的。

明线：所有权？经营权？决策权？监督权？

与 A 记不同的是，我们的客户 C 记并没有自己的 IT 团队，也没有一个明显的 IT 部门。与 C 记的合作时间就更长了，这么长久的合作过程，却是从一段"黑历史"开始的。

在 2009 年到 2010 年的时候，C 记项目上一个技术决策的过程基本上是这个样子的。客户说："我们只能用 SQL Server。"我们听到这个消息之后，一方面在心里暗想，"为啥要选 SQL Server，为啥喜欢微软？"另一方面，我们发现，客户并没有提到过究竟用什么 ORM 框架，于是便"我们自己搞一个吧。"接下来发生的事情是，我们自己搞出来了一个 NoSQL 的文档数据库嫁接在 SQL Server 之上。从这个项目上线的第一天起，就开始被打脸：性能问题，维护成本，数据迁移的难度，我们花了非常大的代价，才让这套东西基本上能够工作。

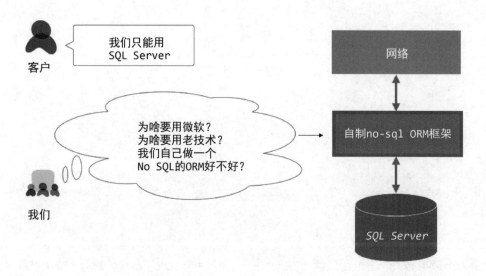

↑ 看似理所当然的技术决策

在那段时间里，这并不是唯一一个"鲁莽的"技术决策，而这一切到底是如何发生的？实际上，存储框架的决策比起采用什么样的数据库来说，要重要得多，然而这样重要的决策却没有被拿到桌面上正儿八经的和客户一起讨论。我们并不是糟糕的工程师，然而我们却把自己的才智与精力放在了错误的地方。

没有业务的引导，技术决策就更"技术导向"而不是"业务导向"。

我不得不给客户写一封邮件来解释为什么我们要花很大的代价，从一个自制的存储框架，切换到更加成熟的方案，而我直到现在依然可以很清楚地记得当时的尴尬。

客户当然非常不高兴，最后的回复是"至少我们开始讨论这些事情了。"于是这正是我们开始做的，我们开始在作出重要技术决策的时候邀请客户参与。设置一个技术治理小组，每个月对技术方向进行讨论，用技术债雷达来可视化和积极的应对技术债，这些都是在客户的参与下发生的。

一方面，这是为了把更多的信息透明给客户，然而更为关键的另一方面是，为了作出慎重的技术决策，我们需要知道客户所面临的约束，我们需要能够从中验证自己的假设，从而更好地尊重这些约束。

技术领导者(Tech Lead)的倾向从追逐"正确"的决策，变成了开始作出"合适"的技术决策。

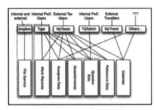
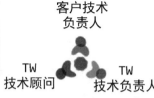
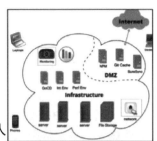

客户技术
负责人

TW
技术顾问

TW
技术负责人

架构约束
技术约束
基础设施约束
遗留系统约束

⬆ 从"正确"到"合适"的技术决策

于是事情开始向好的方向发展，从 2011 到 2014 年期间，自制的存储框架的搭桥手术成功，能够让我们逐渐迁移到成熟的方案；我们开始构建了更多的产品，微服务的技术架构也逐渐完善；随着新系统的上线和老系统的退休，整个平台迁移到了 RackSpace 上，加上自动化部署流水线，发布变得越来越频繁。

结果如何呢？Happy ending？可惜并不是，2014 年，客户方的技术负责人被调动到了另一个部门，另一个人接手了他的工作。与前任不同的是，他对于技术决策的参与度非常高。甚至有时候会为团队做决策，然后让团队承担决策的后果。

这导致了另一个问题，当团队所得到的只是一个决策结果，没有一个重新思考和衡量约束的过程，团队无法在不断变化的技术环境中持续的验证以前的假设。一方面，我们丧失了很多采纳新技术的机会，更重要的是，团队需要能够自己做出决策，承受自己决策的后果，并从中自己的决策中学习和成长。

于是我们建议客户能够更多的分享上下文，而不是做决策，决策由团队来出，但是客户保留否决的权力。如果客户不认可决策，在分享了原因之后，团队可以更好地提出别的方案。

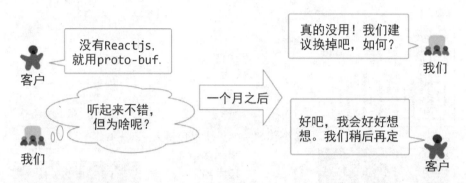

↑ 客户分享上下文，团队做决策

去年 C 记的团队成功交付了一个新的产品，替换掉好几个花了三年多时间开发的老产品。由于大多数的功能都已经服务化，所以新产品的开发只花了半年多时间就上线了。用客户的话说，我们 able to leap tall buildings in a single bound。这是正确的技术决策碾压错误技术决策之后的结果。

聆听、理解和尊重客户约束，在技术决策上谨慎的前行，同时，随着技术的发展不断去反思和检查这些约束假设是否依然成立，从而持续的保持技术架构演进的方向与业务能力的对齐。

这是 C 记故事的明线。

暗线：寻找时间之矢

有意思的是，如果倒过来读 C 记的故事，会发现如果加以打磨，依然可是一个好故事：刚开始的时候，客户强控制技术决策，我们很遭遇，然后，慢慢信任，逐渐放弃控制，最后，我们赢得了客户的信任，开始独立做决策，happy ending。虽然并不真实，然而却是一个更好的故事。

这就如同物理学定律中，时间是对称的一样，决策机制在这个故事中，也是时间对称的，那么决策机制就并不是进化的关键因素。然而在物理学中，熵增却是时间之矢的指向，那么这里的时间之矢到底是什么？

从郭晓的演讲中我找到了想要的答案。

就如同交易成本的不断降低，打破了壁垒，促进了无数的人投身创业一样，技术成本的不断降低，技术壁垒的不断降低，也会带来更大范围的结构性变化。

比如说自动化测试技术干掉了传统的测试部门，数据库的自动化技术干掉了 DBA，部署、运营的自动化干掉了运营，云化、安全内嵌也许将要干掉采购和安全。当这些东西，因为技术的进步而标准化后，当全面的数字化平台就绪之后，那么剩下的就仅仅是业务解决方案、技术栈与实现代码了，在这个画面里，不写代码的传统 IT 部门的麻瓜们是掺和不进来的，于是把决策权交给开发团队是一个自然而然的选择……

> 如果 IT 决策者不再做出决定，那谁来发号施令？是开发者自己。他们是技术领域最重要的选民。他们有力量创建或者破坏业务，无论是通过他们的喜好，激情，或者是他们自己的产品。
>
> ——《新拥王者：开发者如何征服世界》

于是随着开发团队的权力越来越大，意味着更大的责任，在这种新形势下进行技术决策保障也需要转变思路。建立共同愿景，让团队找到自己为了什么来工作的理由，找到自己的价值观(purpose)，把自己与日俱增的力量(power)用到合适的地方，这才是作为技术领导者应该做的工作。

那么我们 C 记的故事的暗线也就浮出了水面，故事中所建立起的决策机制本质上是在营造安全感，我们的传统企业客户多多少少都有类似的决策机制(所谓的架构组)，说白了是用增强控制来应对新形势下的心态失控。

然而，能控制得了的东西却越来越少，技术之矢使控制本身越来越没有价值，反而成了阻碍和包袱。在 IT 部门灭亡之前，也许就如同我们与 C 记故事的后半段一样，在事情变好之前，会先变坏，但熵增的车轮，是不会停下的。

也正是这种反抗之力如此顽强，每每当传统企业想要甩掉包袱往前快跑的时候，重重的阻碍却并不来自于领导层。透过传统企业繁冗的流程和层级，背后是一个个"企业架构师""系统架构师"，一个个在这样一种新的形势下即将"被干掉"从而失去自己职业发展的人。

那么，你现在的职位是什么呢……

第 16 章

一个遗留系统自动化测试的七年之痒

背景

项目从 2009 年开始启动，采用的是 TDD 开发方式。在这之后的过程中，团队做过各种尝试去调整自动化测试的策略去更好地适应不同阶段项目的特征，比如调整不同类型测试的比例，引入新的测试类型等。

七年之痒：痛点

随着项目走到第七个年头，一系列的变化在不断发生，比如技术上引入了微服务、EventStore 等，业务变得越来越复杂，子系统变得更多，更多的人员加入，开始实施按月发布等，这些因素交织在一起凸显出自动化测试的滞后。首先是从团队成员感知到的一些痛点开始的。

质量下降，这个体现在部署到测试环境的代码质量较差，常常就是新版本部署上去之后某个核心功能被破坏，要么是新功能破坏了老功能，要么是 bug 的修复把其他功能破坏。

测试不稳定，QA 有很长的时间在等待修复或新功能提交出包，而这个等待可能是几个小时也有可能是几天。除去网络问题、部署流水线的复杂性等因素，自动化测试的不稳定性也导致出包的速度也受到了影响。大家往往更关注于怎么能把测试通过了能够出一个包，却忽略了我们该怎么去处理一个不稳定的测试。下图的 run 2，run 3 正是大家在不断尝试去 rerun 挂掉的测试。

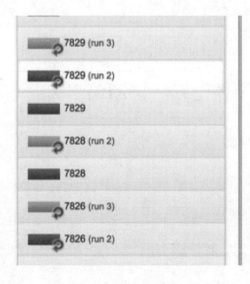

← 不稳定的测试结果

团队越来越忙，开始陷入恶性循环，即随着功能的逐渐增多，每个月上线的回归测试列表越来越长，QA 需要花更多的时间去做重复的回归测试，新功能的测试和回归测试的压力都很大，甚至有的时候根本都没有时间去审视下一个阶段的需求，更别提其他一些更有价值的事情。往往回归测试做不完就不得不往下一个阶段推，这种不断往复导致大家对发布的产品信心严重不足。

在这种情况下，自动化测试的有效性和完备性都受到了质疑。本来期望自动化测试能够帮助我们构建一张安全的防护网，保证主干业务不被破坏；随着 Pipeline 频繁执行，及时反馈问题，不要等到测试环境才暴露出来；同时能够把 QA 重复的手工测试时间释放出来，去做一些更有价值的事。可是根据团队所感受到的痛点，我们觉得自动化测试不仅没有帮助到我们，反而在一定程度上给团队带来了干扰。

问题分析

自动化测试到底出了什么问题？我们从现有 UI 测试入手开始分析，发现了以下典型现象。

1. 最有价值的场景没有被覆盖

虽然有较多的测试场景，但是体现出核心业务价值的场景却稀少。我们都知道 80/20 原则，用户 80% 的时间在使用系统中 20% 的功能，如果大部分的 UI 测试是在测另外那 80% 的功能，这样一个覆盖给团队带来的安全指数是很低的。

2. 失效的场景

功能已经发生了变化，可是对应的 UI 测试并没有变，至于它为什么没有挂掉，可能有一些侥幸的因素。比如现在点了确认按钮之后新增了弹窗，而测试并没有关掉弹窗，而是通过 URL 跳转到了别的页面，也没有验证弹窗的新功能是否工作，既有的实现方式确实会使得测试一直通过，但是没有真的验证到正确的点。

3. 重复的测试

同样的测试在 UI 层跟 API 层的重合度较高，有的甚至是 100%。比如搜索用户的功能，分别去按照姓、名、姓的一部分、名的一部分、姓+名等各种组合去验证。我们不太清楚在当时是基于怎样的考虑留下了这么多跟 UT/API 测试重复的用例，但是在现阶段分析之后我们觉得这是一种没必要的浪费。另外，不同的测试数据准备都是 UI 测试执行出来的，很多场景都用到了相同的步骤，我们觉得这也是一种重复，可以通过其他方式来实现。

解决问题

这些问题从某种角度上都暴露出了 UI 测试年久失修，没有得到好的维护，而新功能的自动化测试又在不断重蹈覆辙，问题积攒到一起，一旦爆发，就会使大家开始重视自动化测试。有痛点并且找到问题了，下一步就是解决问题。我们分了两步来走。第一个就是对已有 UI 测试的优化，第二个是对新功能的自动化测试策略的调整。

已有 UI 测试的优化

针对已有的自动化测试，再回过头逐个去审查 UT/API/UI 测试代价太高，我们只能是从 UI 测试优化入手。针对前面提到的三个问题我们逐一去攻克。

- **识别系统关键业务场景**
  我们首先挖掘出系统中用户要达到的各个业务目标，根据不同的业务目标梳理出不同的业务场景，然后将这些发给客户去评审。客户对我们总结出的这些场景很认可，只是把每个业务目标都赋予了一个优先级，为后续的编码实现给予了参考。
- **重新设计测试场景**
  UI 测试不是着重去测试某个功能是否工作，更关注的是用户在使用系统时能否顺利实现某个业务目标，因此我们需要知道用户是怎么使用系统的。同样的目标，可能会有多个途径来完成，通过跟客户的访谈以及观察产品环境下页面的访问频度，我们重新规划了测试场景，期待能更贴近用户的真实行为，及时防御可能会导致用户不能顺利完成业务目标的问题。

- **优化测试数据准备，删除重复的测试**

  对于 UI 层的过度测试，直接删除和 API/UT 层重复的测试，保留一条主干路径用来测试系统连通性。 对于不同的业务场景可能需要准备的数据，我们舍弃了之前通过 UI 执行测试这种成本高的方式，转而以发 API 请求的方式来准备，这样降低了测试执行的时间，也使得测试更加的稳定。重新梳理的测试场景帮我们构建了一张较为全面的安全防护网，覆盖了绝大部分的用户使用场景，大家的信心显著提高。如果核心业务受到破坏，立马就可以通过 UI 测试反馈给相关的人。执行更加稳定的测试也减少了大家对 UI 测试是否能真的发现问题的质疑，因为随机挂的频率大大降低，一旦挂了，就说明可能真的有 bug 了。

新功能自动化测试策略的调整

我们一般会以测试金字塔作为自动化测试的指导策略，下图是我们项目的测试金字塔。

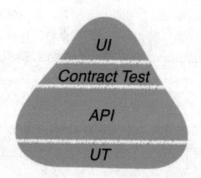

为了避免新功能步旧功能的后尘，我们对自动化测试策略进行了调整。除去以不同层的数量分布来判定策略是否合理外，我们也更看重在这个数量下关键业务场景是否能被有效地覆盖，主要通过下面两种方式来保证。

1. QA 及早介入自动化测试

质量是需要内建的，不是测出来的。QA 从一开始就介入整个流程之中，在 Story 启动的时候会和 DEV 一起准备任务拆分。在后期验收 Story 的同时也会验收单元测试，确保能在 UT/API/Contract 层实现的测试都在这些层面覆盖，不仅保证了底层测试的数量要够多，也确保了这么多测试覆盖的点都是合理有效的。在这个过程中，QA 把更多的测试思路传递给团队成员，引发大家更多地从质量角度去思考。

2. QA 与 DEV 结对写 UI 测试

最后在整个功能做完的时候，QA 也会和 DEV 结对实现 UI 测试，涉及现有测试场景的维护与更新。基于前面对底层测试的审查，大家对于整个功能的测试覆盖都有了一定程度的了解，对于 UI 测试要测得点也会较快的达成一致。另外，QA 在与 DEV 结对实现 UI 测试的时候，编码能力也得到了提高。

在推动 QA 更多参与底层测试的过程中，我们更多从测试角度去影响团队，增加了团队的质量意识。QA 的时间被释放出来了，去做了更多有价值的事，比如探索性测试，Log 监控与分析，安全测试，产品环境下用户行为分析等。这一系列活动的影响是产品的质量顺便得到了提升。

结语

等我们把已有功能 UI 测试优化完，新功能的自动化测试策略开始落实到全组，已经是半年以后的事了。我们慢慢地感受到一切都在回归正轨，之前的痛点在逐步消去，团队交付的节奏也越来越顺畅，对发布产品的信心也更强了。

回顾这个遗留系统的自动化测试优化过程，我们有一些收获。

1. 大家说到 UI 测试往往更倾向于如何编码实现，但我们希望开始 UI 测试的时候能多关注下测试用例的设计是否合理，是不是能够体现出业务价值。

2. UI 测试的用例和代码都是测试资产，需要跟产品代码等同对待，不能写出之后来就不管不顾，没有维护是不可取的。

3. 自动化测试不仅仅是 UI 测试，需要和 UT/API 等其他底层测试一起分工合作，作为测试策略的一部分来为产品质量保驾护航。

第 17 章

如何在团队建设工程师文化？阿里资深技术专家这么做

张群辉/文

越来越多的企业重视工程师文化，但很难有人说得清什么才是好的工程师文化。建设工程师文化的具体步骤又是什么？

在这里，某创新公司资深技术专家群辉分享了自己的实践经验，希望能给大家带来一些启发。

工程师文化与 KPI 文化

- 工程师文化是由内而外的引导和自然发生，KPI 文化是由外而内的信仰和强行注入。

- 工程师文化着眼于未来，KPI 文化活在当下。
- 工程师文化痛恨 KPI，"我不爱的我不做，我爱的我疯狂。"KPI 文化唯 KPI 说话，爱不爱都要像战士一样完成。

工程师文化的前提条件

信任：领导和产品负责人对工程师绝对的信任是工程师文化的最基本条件。如果他说要用一个更优雅的方法解决一个问题，但要花更多的时间，请你选择相信他。好的工程师非常懒惰，他这么做一定是为未来的工作提高效率。

卓越的技术领袖存在：领导如果对技术没有信仰，只把技术当成工具，就很难说这个团队会有工程师文化。说白了不是每个不懂技术的领导都懂得欣赏优雅代码产生的美和对未来产生的深远影响。

技术列为 KPI：在我参加晋升面试的时候，50%以上的技术人员讲的都是产品(What)，而不是技术(How)，并且他们都晋升了……这源于业务部门(BU)总是把业务当成 KPI 的唯一衡量手段：技术好不好有什么关系？今年不出事，明年我已晋升。如果没有技术 KPI，技术就会总被放在次优先级。

工程师文化的特征

小团队：7~12 人的团队是比较适合的团队大小。有人用比萨团队来形容一个团队的大小，就是一两张比萨可以喂饱这个团队。脸书和谷歌经常有两三个人的团队，小团队有如下特征(中文为个人即兴翻译，可以选择忽略)：

- 不破不立(Move Fast and Break Things)；
- 以少为多，精准打击(Huge Impact with Small Teams)；
- 勇敢追求卓越(Be Bold and Innovative)；

技术创新：团队必须坚信技术可以为业务带来不同于现在的可能性，现在没看见不代表它不存在。技术挑战产品是因为也许你不知道还有更好的技术和架构可以更简单更有效地完成一个业务任务。团队激励不单纯以业绩为主的技术的创新，比如：谷歌每个工程师都有 20%的时间可以用于研究自己喜欢的技术，而不是跟谷歌相关的业务。

↑ 团队的分享文化

技术决策权大：尊重技术决策的前提就是信任技术决策，而不是简单粗暴地说："为什么完不成？随便叫一个程序员就可以完成。"工程师未必在所有产品特性的定义上有决策的能力，但在优先级和排期上是可以从技术角度给出决策。所有的业务最后期限倒排都在一定程度上逼迫技术做出妥协，并且这些妥协慢慢变成合法理由：我的代码不好的原因是业务压力太大。说明：工程师们不要为自己邋遢的代码找理由，代码对于一个软件工程师就是尊严。

技术数据可视化：可视化技术相关数据包含圈复杂度、测试覆盖率、重复率等等，对数据好的工程师给予掌声。但是，好数据给予的是掌声而不是奖金，所有数据都可以被造出来，这是个充分但不必要条件，好的代码数据肯定好，数据好的代码不一定是好代码。

分享多会议少：宁愿少开会掰扯这个应该谁做，也要多听技术高手讲一个技术细节，大家都应该沉下心来沉淀一下自己的专业知识。

敏捷

敏捷，一个饱受非议，饱受争议的名词。我提它不是想为它正名，其实是想说大个子女孩的故事。我有个同学高个子女孩，身材非常好，178 cm，人到中年坚持锻炼，身材高挑，穿啥都是给啥做广告。她告诉我，她外婆小时候走路只敢走在路坎的下面，邻居朋友走在路坎上面，这样可以显得她外婆矮点。那时，高个子女孩是被嘲笑的，150 cm 的姑娘指着她外婆的背影说："看这傻大个！"可今天我想对我同学说："你女儿最好也像你这么高，我儿子去看看能不能追上，优化一下我家族的身高基因。"

很多人一听到敏捷就说："还说敏捷，早过时了！"虽然今年流行网红脸，不流行高个姑娘，可她就是比你高。那些听到敏捷就嗤之以鼻的人，你们在坚持什么？至少坚持敏捷实践的人心中有信仰，这是他们作为工程师的信仰，他们还在坚持为减少一个if else 修炼每一行代码，坚持为一个完整的自动化测试不停思考，坚持了两个模块的解耦绞尽脑汁。

即便如此，今天不谈敏捷，就像今天不谈"身高"，我们谈"身材修长"。基于这个前提，敏捷还是不敏捷就不重要了：是不是敏捷，是不是所谓的工程师文化都不重要，重要的是找到适合团队的开发方式，让团队开发效率更好，系统更健壮，特性更易扩展。

基础技术团队实践

特此说明，这里仅对我自己的个别两个小团队进行描述。

设计

一个软件技术团队的最终产出物是可交付的软件本身，所以不管什么花里胡哨的管理方式都没有一份安全和稳定运行的代码来得给力。好的代码应该要有设计的痕迹：简单粗暴地还原业务或多或少给未来埋坑。在我们团队，大部分微观代码设计源自我们自己定制的一套领域模型设计套路。套路里要有每个工程师对每个特性的精心设计，同学们的设计原则是可以设计得不完美，但不能不思考设计；即使已经上线了的系统，只要有问题，代码永远可以修改，但前提是有完善的自动化测试保护。

自动化测试

不要低估自动化测试可以给软件质量带来的深远影响：不管是当下质量，还是未来加特性，或是单纯的重构代码。

不要低估了编写自动化测试的难度：检验代码好坏的一条标准就是，是否很容易对这块代码添加有效的自动化测试。

测试的一些原则如下。

- 代码提交前通过所有测试：测试就是验收标准，是需求验收的代码转换。原则上一条验收标准可以对应至少一个断言(assert)，没有断言的测试被视为无效测试。
- 用 given / when / then 语态写单元测试。
- 要让测试代码更容易写必须分离代码逻辑与数据库读写。
- 合理使用 mock / stub 技术，测你要测的，让你的测试更有效。
- 异步测试不要用 sleep。
- 最好的 debug 手段就是测试。
- 单元测试耗时最短，多用单元测试覆盖代码逻辑。
- 越是集成测试数量应该越少，因为代价很大，性价比不高。；
- 静态代码质量分析应该伴随每次持续集成。

持续集成/持续发布

持续集成其实什么都不是，它只是随时把大家的代码编译、打包、部署、测试，不停地跑起来，持续地告诉你代码质量是否满足你的测试要求。

信号板 ⬅

- 测试应按测试运行时间长短分级编排在不同级别的持续集成中，时间短的测试应该跑得更频繁，比如：代码的每一次 push，时间长一点的跑的频度低点，像是每隔 3 个小时，每天晚上 11 点开始……
- 一次编译多次部署，在持续发布的环节中，只有第一次编译打包，后面的环境都是只部署不编译打包。
- 提交后祈祷还是提交后快乐玩耍(check in and pray vs check in and play)：每次提交代码要有足够的测试，并交给持续集成反馈结果，代码提交越频繁，你越容易开心玩耍，代码提交时间间隔越长，你越容易祷告不要出错。
- 持续集成的反馈要立刻修复，别让持续集成 dashboard 红着。
- 持续发布是你的终极目标。

- 开发分支要少，不然你的持续集成容易没了方向，失去意义。

分支策略

我们采用的分支策略一定跟大部分同学们的分支策略背道而驰。

1. 大库：大家都在一个库上工作，理由不在这阐述了。
2. 分支：分支尽量少，分支越多，持续集成越没意义，合并(merge)成本越高，团队分支最多也不能超过下图。

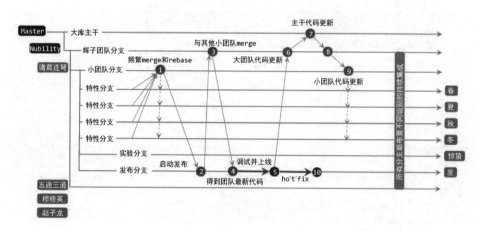

↑ 分支策略

结对编程

两个人在一起写代码在这么繁忙的企业应该是件让人匪夷所思的事情，但我坚持让团队践行这个实践。

- 一个主机，两个键盘，一个显示器。
- 新老员工结对是新员工掌握实践的最快手段。
- 结对让员工有机会互相学习对方良好的编程方式，形成团队独有的代码风格，而不是个人代码风格。
- 时不时的结对不会降低开发效率，会提高学习热情。

◀ 新老员工结对

代码回顾

很难说还有哪个实践比这个实践对代码质量更有意义，不过，大家代码回顾的方式不尽相同，我们的方式是下面这样的。

- 团队代码回顾，总共最好 1 个小时左右。
- 每天代码回顾。
- 每个人的代码都要回顾，每个人都要讲解。
- 发现的问题当天就改掉。
- 看官们不要质疑，因为这件事情真的每天在发生。

站会

站会是团队沟通的重要手段，其实大部分团队都有站会习惯。

- 不要超过 15 分钟。
- 一次只有一个人说话。
- 只说三件事情：昨天干了什么，今天要干什么，需要什么帮助。

技术讨论

不是每个专题讨论都跟业务相关，纯技术的专题讨论是同学们提高技术的良好手段。

⬆ 讨论技术问题

回顾会议

总结一下过去一个迭代做的好的和不好的，做出自己下一个迭代的改进计划。如果你
觉得没有用，仔细看看图片里记录的点点滴滴。

⬆ 回顾会议

IPM 迭代计划

IPM 计划会议很有必要，团队可以借这个机会了解接下来两周要做什么，大概谁负责

什么，大概什么时候可以做完？

拜神

再好的方法也需要关公守护，二话不说，把三兄弟都放上。

◀ 守护神

IDE

永远不能忽略 IDE 对编程效率带来的影响。IDE 是工程师每天面对的工作环境，任何跟工程效率相关的思想都应该以 IDE PLUGIN 的方式让工程师们每天可用，每天受益。IntelliJ 作为 Java 神器存在有其必要的原因是因为它把能帮到工程师的每一个操作都简化和方便到极致。团队使用 IDE 的技能是否出神入化一定程度反映了这个团队的编程效率是否高。这是结对编程的另一个重要好处：一个团队使用同一套快捷键写代码，而这套快捷键是整个团队每个成员快捷键使用心得的合集。

对于工程师文化，你有什么独特的体会呢？

第 18 章

敏捷转型下的团队管理：来自一线管理者的思考

于洪奎/文

团队，作为一般公司或者组织权责划分的最小管理单元，其管理直接面对一线员工，对团队管理者有着不同于中高层管理者的要求。有人这样形容开发团队管理者：写得了代码，玩得了 Word，秀得了 PPT，还要做得了心灵导师！

在很多公司里，特别是在开发团队里，团队管理者往往是"技术优而管"，本人也不例外(过分的谦虚等于骄傲)。出身于技术的管理者，往往没有经过专门的管理教育，但是经过一段不太容易的摸爬滚打和自我学习，往往也会形成一套自己的管理风格。

初入管理往往会陷入两个误区：集中控制管理和微观管理。

工作四年开始带领团队，由于是要接手一个厂商开发的基于 C/C++的系统，并对其进行技术转移，天天忙着和大家一起处理各种问题，我有幸没有陷入到微观管理的陷阱里，当然也和组织上安排了一位资深的管理者像导师一样一路辅导是分不开的。那是我深深怀念的一段美好时光，可以和大家一起调代码，一起享受经过几天的分析跟踪终于解决了一个"系统不定时假死"的灵异 Bug 后的欢呼。

刚开始带领团队，我也经过一番对管理知识的自我学习，培训、看书、听视频讲座，不断学习包括任务管理、时间管理、绩效管理等方方面面能触及到的管理知识。但是，对于自己所在团队的掌控感的不自觉的向往，还是让我不能自拔的陷入集中控制管理的陷阱之中。

进入其中，管理者会有如下表现。

1.　希望自己清楚团队工作的每一个细节，并且身体力行地去深入研究和掌握这些细节。
2.　希望自己清楚团队成员每一个人的工作内容。

基于以上两点，管理者自己会有以下感觉。

1.　自己可以指导团队成员每一项工作和改进，并对自己的意见信心满满。
2.　自己可以为所有人进行任务安排，并让所有人都高效运转。

我一直做得很好，最起码自我感觉是这样，直到终于有一段时间，我感觉力不从心，感觉自己会成为大家的瓶颈。

恰好在此时，看到杰克·韦尔奇先生的一句名言："在 GE，我做得最棒的一件事情是创造了一台准确报时的钟。"在企业中，即使是仅仅管理一个小型团队的一线管理者，管理者的目标也应该是打造一座可以自动运转并精确报时的时钟，而不是自己去报时。

此后，我做了很多针对公司和部门流程在团队工作层面的细化，我称之为"工作细则"，将所有日常团队可以通过自身机制自动处理的工作都落实成团队中众所周知的规则。自己更多开始关注自身和团队中每一个人的学习和成长，团队的异常事务的处理，团队目标的设定和更高目标的找寻。

一切都看起来很好，……

此时，我"遭遇"了敏捷。

敏捷，是 2001 年从一个滑雪场发起的一场来自一线软件开发者的革命。2001 年 2 月 11 日到 13 日，17 位软件开发领域的领军人物聚集在美国犹他州的滑雪胜地雪鸟雪场。经过两天的讨论，"敏捷"(Agile)这个词为全体聚会者所接受，用以概括一套全新的软件开发价值观。这套价值观，通过一份简明扼要的《敏捷宣言》，传递给世界，宣告了敏捷开发运动的开始。

敏捷软件开发方法在国内的兴起大致在 2005 年，大多得益于诺基亚等外企在中国设有的分公司。在中国的当下，敏捷与互联网几乎是同生共荣的，躲在大型组织的角落里的我，从 2013 年才开始意识到这场软件开发模式的革命夹杂在移动互联网时代到来的号角声中扑面而来。

2013 年有幸作为负责人加入了一个新的小组，小组目标是研究互联网新技术，实践敏捷新工艺。由此，我开始接触敏捷，各种上网搜索，各种资料收集，各种买书，新知识的学习总是令人兴奋。利用一个星期的业余时间看完了《Maven 实践》，用两天的时间看完《硝烟中的 Scrum 和 XP》[①]。直到现在，对于敏捷入门，我仍然强烈推荐阅读这本书，这是我到目前为止见过最好的适用于开发人员的敏捷入门书，最主要的是直观。

随后，参加敏捷基础导入的培训，以及与外部敏捷咨询师的交流，让我终于对于敏捷开始有一点粗浅的理解。

我作为团队管理者的角色参与敏捷推广，一边学习敏捷的思想和方法，一边也在思考团队管理者在组织进行敏捷转型时应该如何自处。

管理者的"神光"并不总是好事

我遇到的第一个问题是，我作为 Scrum Master 组织站会的时候，所有成员说话的时候都看着我，像是在向我汇报昨天的工作进展和今天的工作计划。我知道这样是不对的，敏捷应该引导团队不断向自组织迈进，首要的就是要培养团队成员间的协作意识，进而形成自组织，而站立会议是促成这种成员间协作的主要形式之一。可是我又不知道该如何处理，因为，仅仅告知团队成员说话的时候不要看你或者当你不存在是虚伪的，这种所谓的建议在实际操作层面毫无意义。敏捷教练给我的建议是，你不妨

[①] 编注：应广大读者的要求，本书与 Henrik 关于 Scrum 和 Kanban 的书合为一起，于 2019 年重新编辑出版，书名为《走出硝烟的精益敏捷：我们如何实施 Scrum 和 Kanban》。

缺席几天站立会议。

此时，我意识到在组织里相对于其他成员，管理者是有"神光"的，特别是相对于你直接考核和管理的成员。这种所谓"神光"有的时候是有用的，它可以让懒散、推诿和各种组织里的不良风气见光而散。同时，它也是有害的，它让团队成员不自觉的产生依赖和等待指示的心态。

敏捷转型下管理者应该如何自处？

这是我自 2013 年以来一直在思考的一个问题，通过不断的实践、思考和阅读，在《管理 3.0：培养和提升敏捷领导力》一书中找到了一些答案的蛛丝马迹。

团队管理的终极目标是打造一个"自组织"的团队，比打造"时钟"的隐喻更进一步，是要打造一个"生命体"，不仅可以自动报时，还可以响应变化，自我成长。

需要团队管理者首先要做到信任和放手

"信任和放手"是技术出身的管理者很难做到的，我们总是不自觉地想站出来告诉大家怎么做更高效，更准确，更容易。记得在敏捷咨询教练在场的一次计划会上，我看到几个同事的具体操作方法明显是错误的，我刚要起身去纠正，敏捷教练拉了我一把。他没说话，我诧异了一下，然后我好像明白了他的意思就又坐下了，一会儿同事们发现了自己的问题所在，自己修正了。

作为团队管理者，不能仅仅关注团队这一次把事情做对了，关键是，团队通过自己的成长持续的把事情做对，以致做得更好。拔起来的苗和自己长起来的苗是不一样的。

当然，信任不是冷漠，放手与放弃也只是一字之差，"度"的把握一直是中华民族最伟大的智慧。

自组织团队需要适度的灰度管理作为土壤，以管理者的自律来浇灌

任正非先生 2010 年有一篇文章"管理的灰度"，说的是管理者妥协的艺术，也就是企业管理中"内方外圆"的智慧。我这里说的"灰度"是另外一个维度，是一种有意的"视而不见"和"不打扰"。

作为团队管理者，对团队中的所有事物的细节都有一种天然的"好奇心"，这种"好奇心"可能来自于对自己管理工作安全感的需要，也可能出于自身掌控欲望的驱使，或者干脆就是纯粹的好奇。

要想打造敏捷的自组织团队，需要管理者对自己的这种好奇心有足够的自律和戒心。

在敏捷咨询过程中，有一次团队进行敏捷回顾，是敏捷咨询师在主持，我端着水杯，夹着本子很自然地推门而入。咨询师拦住我问团队："他被邀请了吗？"团队成员有的傻笑，有的不说话，有几个人起哄，说："没有！"咨询师就知道怎么回事了。然后，我被请到门外等待，咨询师开始征求团队的意见，大意是我的进入会不会影响团队的回顾效果。

这件事对我触动很大，仿佛有一种被当头棒喝后的顿悟。工作中，能够瞬间触动自己，进而通过自省，让自己成长和领悟的事件往往是有代价的，一般都是自己犯了比较大的错误。像这种被堵在门口就能小成本感悟的机缘，的确难得，我至今记忆犹新。

团队管理者要打造敏捷的自组织团队，必须给予团队足够的属于团队自己的空间。因为既然是"生命体"，就是有隐私的，就不像"时钟"一样，随时都可以打开看看里面的齿轮转得怎么样。需要一些不同的沟通方式和管理方法。

敏捷转型对于软件开发组织是一场关于开发工艺、开发方法以及管理思维的转变，我还在不断学习和思考的路上，一点感悟，以启来者。

2017 中国企业敏捷实施的调查与反思

黄邦伟博士/文

在这瞬息万变的环境里,企业的生存与发展状况取决于其快速响应变化的能力,而敏捷运作是构建该能力的核心。

敏捷和其他创新思想一样,需要时间传播。全世界不少企业都已迈向敏捷的运作模式,也有很多传统企业,还没有尝试敏捷,处于观望评估的阶段。从 2001 年公布敏捷宣言至今,经过十来年的时间,敏捷在中国可以算是已经跨越了鸿沟,逐渐成为主流。作为世界范围内敏捷运作的领袖,Thoughtworks 很自然地就会接触到实施敏捷的这些早期使用者企业。这些企业在实施敏捷的过程中获得了明显的改进,也遇到不少困难。

与其独自探索,不如向行业的先行者学习。在敏捷逐渐成为主流的这十几年间,行业也一定为后来者积累了可参考的经验,这对于还在观望评估的企业来说,无疑会是一个宝贵的财富。Thoughtworks 在 2017 年 6 月至 7 月期间进行了一项针对中国企业的敏捷实施调查,力求从以下四个维度来了解这些早期采纳敏捷的企业:

- 为什么要实施敏捷?
- 面临哪些挑战,经历了哪些困难?
- 采用了哪些敏捷实践?
- 采取了哪些实施措施应对那些挑战和困难?

希望通过这个调查的结果,能为后来者提供有价值的参考。

当前实施敏捷企业的特征

本次调查的范围主要是 Thoughtworks 中国所接触的行业人士，大多数为中国早期的敏捷实施者。调查参与者总共 229 名。调查参与者来自全国各地，40%北京、9%上海、17%深圳和广州、19%成都、杭州、武汉和西安。调查不可避免有局限性，但我们仍然相信结果具有一定代表性。

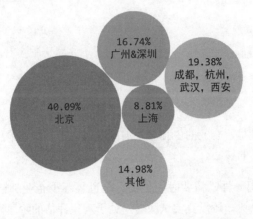

受访者来自不同行业，其中来自互联网企业的 26%、信息科技 21%、通信 16%、金融 17%。这些行业面临激烈的市场竞争和技术变革，必须走向更敏捷的运作方式，很自然地就会实施敏捷。

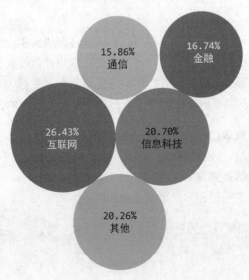

调查的参与者主要是敏捷教练(25%)和项目经理(17.6%)。这些角色都有提升开发团队交付能力的职责。调查参与者也包括开发(15%)、测试(14%)、产品经理(7%)、需求分析师(4%)，也有不少中层与高管参与调查，其中部门经理占 10%，高管占 4%。非研发人士也逐渐认识到敏捷的意义，参与了我们的调查。

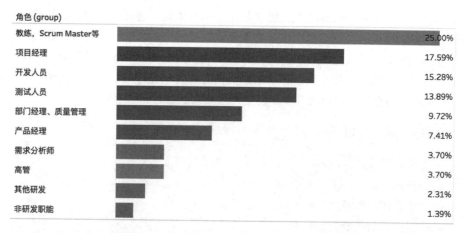

敏捷实施规模大部分在 100 人以内

企业敏捷实施的团队规模大部分(79%)在 100 人以内。其实，这是一个趋势，随着技术和工具的发达，一个人能做的事越来越多，所以团队规模也自然变小。更重要的是，自主小团队和网络式组织结构，更灵活、更能够产出成绩。这也符合敏捷理念。只有特别复杂的系统，才需要大规模 100 人以上的团队。我们仔细分析了 500 人以上的敏捷实施团队，他们大部分实际上是多个独立产品线并行交付。单产品的交付，大部分还是 100 人以内。

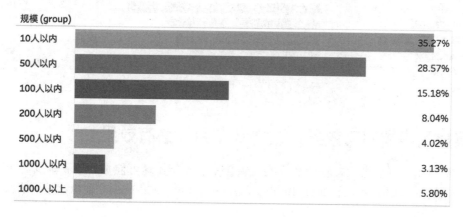

敏捷实施的主要目的：缩短周期、提高质量和满意度

企业实施敏捷不是为了敏捷，而是要达到效果。

有 69%的受访者表示他们企业实施敏捷最主要的目的是缩短开发周期。这是通过更快的迭代节奏来达成的。贯彻和运作精益思想、减少浪费、解除瓶颈也是重要手段。所以，很多企业会同时实施敏捷和精益。有些人误以为敏捷会导致质量下降。其实，敏捷是有保障质量的理念和实践，有 60%的受访者认为"提升质量"也是实施敏捷的目的，49%的受访者把"客户满意度"也设为重要改进目标。

其他实施敏捷的目的如下：

- 缩短开发周期(69%)
- 提高质量(60%)
- 提升用户满意度(49%)
- 提高人员的能力(30%)
- 增强协作(43%)
- 减少工作量，提高产能(32%)
- 产品创新(17%)
- 改变管理方式，让成员更有参与感(34%)
- 其他(4%)

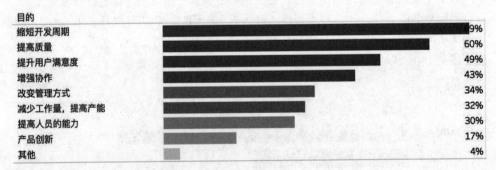

敏捷实施周期与效果：坚持 6 个月，必有效果

大部分(56%)受访者回复他们企业实施敏捷不到一年。这可能是受访者范围的局限性，敏捷在中国的推广已经有 10 年了，那些前几年实施敏捷的企业应该是早期领先

者，敏捷已经逐渐受到认可，这是再次崛起的一波新浪潮。实施敏捷的企业，不管是刚起步还是实施多年，43%表示有所改进，18%表示获得了显著的改进。敏捷实施就是持续改进、系统性地解决问题，如果能够坚持半年以上，效果必然大增。

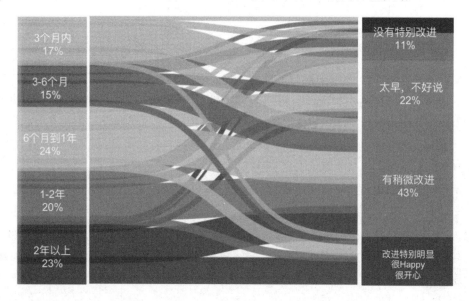

敏捷实施要解决的问题

实施敏捷是一个富有挑战的变革。敏捷本身要解决的也是个复杂问题。我们向受访者询问了这些挑战的影响程度：

- 不涉及
- 没有遇到这个问题
- 偶尔遇到这个问题，没有影响
- 偶尔遇到这个问题，影响不大
- 遇到这个问题，对我们有影响
- 经常遇到，影响很大
- 就是它搞得我们特别累

我们按照挑战的影响程度分为三大组。每个企业的成长旅途都不同，所以它们面临的挑战也不同。然而这其中存在着规律，它们所面临的挑战的影响程度或许能够被粗略的归纳为"需求与架构、流程治理以及企业文化"三大组。

第一组挑战：需求与架构不良

第一组挑战对企业影响最大。这些基本都是和需求、产品相关的问题，也包括架构和团队能力的问题。具体包括两个方面。

- 需求变化多、工作量过载、需求工作拆分不够细。
- 需求不合理、定位不稳定、架构不良、团队能力不足。

敏捷体系当中有不少实践都是为了解决这些问题。需求流程前端的实践，如设计思维、产品画布、用户故事等都是为了让开发团队更聚焦在有价值的需求上，以最少的投入快速产生价值。然而，敏捷虽然可以提供快速验证产品的机制，但是并不能指定产品方向。这还是依赖于有智慧、有眼光的产品负责人。有能力的产品经理，加上一个有效的敏捷运作机制是一个完美的组合。

关于架构问题，组织需要有策略地进行优化或改造遗留系统，清除过去的技术债务。这不是一夜之间能够解决的事，不是喊着敏捷的口号就能解决的，解决是需要规划和投入的。敏捷设计方法，例如领域设计、持续重构、结对编程、自动化测试，能够防止后续的腐化。不管是需求还是架构，这都是软件工程师本身该有的专业能力。系统快速增量的演进，暴露了这些能力的缺失。企业必须有系统性的能力培养和人才的引入。

第二组挑战：笨重的流程治理

第二组挑战对企业有不少影响。这些大部分是流程治理的问题。具体包括两个类别。

- 治理不敏捷、团队之间协作、流程笨重。
- 涉众意见不合、绩效考核不敏捷、第三方合作。

这些问题不是纯软件工程的问题。任何行业的企业在敏捷实施的过程中都可能遇到。实施敏捷的企业应该投入时间来分析已有的流程并进行简化。在这方面，精益思想非常重要。通过对精益价值流的分析，重新梳理团队职责、其贡献的价值和绩效导向的关系，就能够很快识别问题的根因。但是如果要彻底解决问题，还是需要上下的合作，制定新的流程。

第三组挑战：企业文化

第三组挑战的影响程度在不同企业中的表现并不集中，因为我们的问题是通过印象程度组合的，而不是它们所属的领域。然而，我们发现这大部分都是与人相关的问题。敏捷实施的持续性，最终必须要考虑人性。

- 团队不愿意学习新东西、公司文化不敏捷。
- 开发测试和开发运维协作不好、需求实现复杂、团队分散。

就像第二组问题一样，大部分问题不是跟软件工程有关，而在于文化和协作。有效协作的动力来自两方面：首先是成员本身的态度，有些成员本来就热爱学习，愿意为企业的长期利益着想。有些成员更多考虑个体的利益，很难跳出舒适区。要改变企业文化是不简单的。所以，实施敏捷的时候，首先要先从一批意愿比较强的成员入手，同时也要考虑当前的绩效管理体系是否会促进或阻碍协作。领导的积极参与、以身作则，也是非常重要的。如前所述，敏捷实施是一项长期的变革，是需要坚持的。

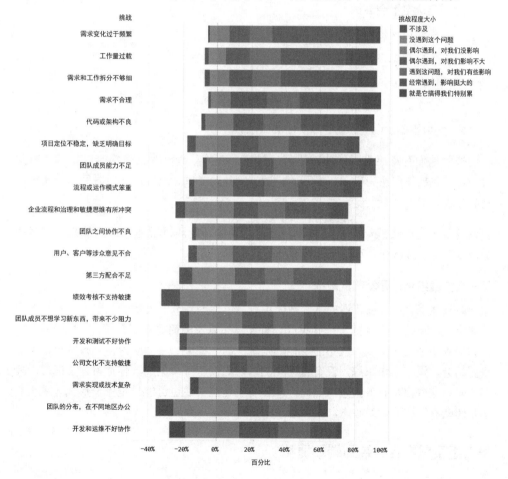

敏捷实践落地步伐：团队、端到端、企业

企业要实施敏捷时，需要考虑实施的范围和要引入的敏捷实践，以及如何把这些改变有效的落地和生根。在我们的经验中，企业通常会先从小范围做起，有了一些成果之后再逐渐铺开到整个交付流程，从需求到交付上线，然后再考虑如何将敏捷精神扩散到整个组织。此次调查结果确认了我们的观点。我们向受调查者询问他们敏捷实践的落地情况。

1. 已决定不会尝试。

2. 不知道这是什么。

3. 还没开始尝试。

4. 刚开始尝试(3 个月以内)。

5. 已实施一段时间，有挑战但是会坚持。

6. 实施成功了，已经是习惯性的做法。

我们按照他们有意愿尝试的实践进行了排序，并将其划分为三个组合。所谓"有意愿"就是包括他们认为自己还没开始尝试、刚开始尝试、已实施一段时间以及实施成功的实践。

我们发现，这些实践组合正好和我们之前建议的开发测试敏捷、端到端需求交付敏捷，以及企业级敏捷，这三个实践组合一致。

第一组实践组合：开发测试敏捷

第一组实践组合包含最普遍的基础敏捷实践，包括 Scrum 和看板，也包含一系列的自动化实践，如自动化测试、持续集成、持续发布以及敏捷管理工具(例如 JIRA)。团队如果不实施这些实践，就不能说他们是敏捷的。如果一个团队说他们很敏捷，但是没有站会，没有工作跟踪，没有自动化测试，更没有持续集成，你觉得他们能够敏捷起来吗？这些都是必备因素。然而，即使有了这些实践也可能只是流于形式。更重要的是团队有敏捷的学习心态。

第二组实践组合：端到端敏捷

第二组实践组合包含的都是开发团队以外和周边的协作，包括开发运维、业务人员、团队各角色的协作。它们存在于需求从概念形成到完成交付的各个环节，包括设计思

维、前期需求管理、微服务、特性团队、测试驱动开发、验收测试驱动开发、DevOps。有效协作的前提是开发测试的实践已经有效落地。如果稍微一动代码就崩溃，开发测试不能够迭代交付，那么就谈不上什么端到端的敏捷。

第二组实践组合本身不是特别难，但是一旦牵扯到不同职能，就难免有利益冲突。教练可以采用逻辑一个个地说服各职能的成员。一个行之有效的办法就是在各职责成员中共享产品愿景和目标。产品一旦能够有明确的发展发向，并且能有效传达到每个成员，每个成员理解他对产品成功的贡献，那么各职能成员的参与度就更有可能提高。敏捷是一个很好的工具，但它的有效落地还是需要方向的。

第三组实践组合：企业敏捷

第三组实践组合包括项目组合管理、预算与绩效管理、其他职能的敏捷、大规模敏捷、精益创业。

这些实践大部分都是软件交付以外的实践，是一系列很不同的专业。这里有财务人员、有人力资源、有企业战略、有业务负责人等。要有效开展敏捷协作，首先必须理解他们的观点以及他们面临的挑战和矛盾。他们大部分都不是 IT 出身，不理解 IT 的术语。传统敏捷实践和术语不能够解决他们的问题。

企业治理需要另一套崭新的实践。其中，超越预算是一个开始受人关注的体系。它提供了一套财务办公室、人力资源办公室以及战略办公室的协作理念和机制。有不少企业开始在这方面进行尝试。企业治理的敏捷事关重大。领导层，以及这层职能的敏捷，完全决定了企业上下的敏捷。企业级的敏捷实践还是在演化中。我们期待这方面的发展。

不要忘记代码质量

我们也发现，受调查的企业对代码设计方面的关注比较缺失，这包括领域设计、UML、结对编程。其中最有争议的实践就是测试驱动开发(TDD)以及结对编程。有不少企业决定不尝试这些实践，对它们的效果有所怀疑。这或许是由于受访者对这些实践的理解不足，或者是他们的落地比较困难。我们的观点是这些实践都是非常重要的。代码质量决定系统的质量。即使实施有所困难，企业应该在这方面更加专注。

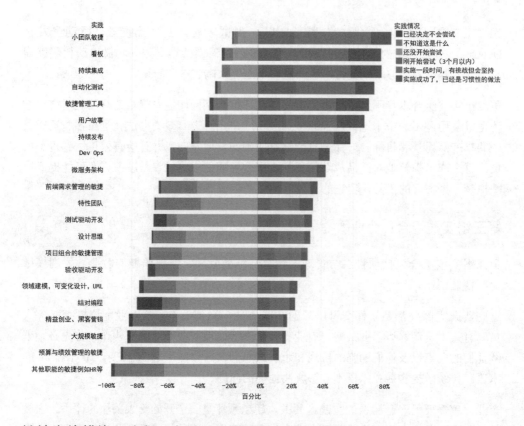

敏捷实施措施：流程、自动化、领导力、组织文化

企业敏捷实施基本上是一个组织的变革，所以必须按照变革项目来对待。变革项目必须要有全面的考虑。如果不够全面的话，实施会受到一些阻碍。我们将敏捷实施措施按照它们的必要性和投入排序。

第一组措施：流程变更，自动化投入

这些措施都是企业觉得有必要并进行了合适的投入、是大家默认最基本的事实策略。必须要建立一个敏捷实施工作组、调整运作流程。另外，自动化这方面是需要有额外的人力投入的，否则会对研发团队的交付速度有所冲击。

- 调整运作流程和敏捷实施工作组。
- 建立内部自动化测试和持续集成、持续交付能力。

第二组措施：领导参与，建立改进目标

敏捷变革基本上是一个组织发展工作。必须有领导以及外部顾问的积极参与。顾问会带来他们的经验，避免团队走冤枉路。另外，企业必须例行跟进和分享，确保实施敏捷的团队受到关注。敏捷的实施也必须敏捷。

- 领导积极参与、雇佣外部教练
- 把敏捷改进作为团队目标
- 例行敏捷实施会议、组织敏捷相关的分享

第三组措施：组织文化和绩效管理

这些措施是受访者觉得必要、但是没足够投入的。如果要有效可持续的敏捷落地，不仅仅要考虑团队的辅导，也要考虑其他方面。这或许会涉及到系统架构、组织结构的演进。一般来说，遗留系统是妨碍企业敏捷的原因。除此之外，也要建立内部教练机制、实践社区，要让员工持续的学习。最重要的，也要考虑企业的绩效管理。已有的绩效考核是否正在阻碍敏捷文化的推进，还是能够促进敏捷文化的建立。

- 系统架构改造
- 实践社区、内部教练
- 改造绩效管理制度

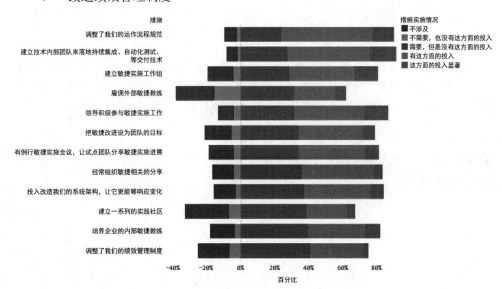

敏捷实施有套路

敏捷已经拥有将近 20 年的历史。对于软件开发这样一个迅速发展的领域来说，这是一个很长的时期，在这个时期中，敏捷有了很大的进步。事实上，企业可能面临的任何问题似乎都与敏捷相关。问题不在于解决方案不存在，而在于企业采用这样的解决方案的态度过于谨慎和保守。企业害怕实施敏捷时所带来的变化对组织的冲击太大。企业需要系统地将敏捷整合到他们的工作方式中，并转向敏捷的思维方式。

企业在这敏捷实施旅程中并不孤单。有很多企业的经验可以参考，而我们这次的调查就系统地收集了许多企业的经验，总结了一些通用可借鉴的实施措施。首先，企业必须克服以下几个方面的挑战：需求和架构、笨重的流程、以及企业文化。我们发现企业采用的步伐通常都是先实施团队级的敏捷，然后端到端交付敏捷，最终实现企业级敏捷 。这与我在"企业敏捷转型道路"文章[①]所描述的完全一致。

最后，敏捷企业应考虑采取以下措施：

- 简化流程
- 投入自动化
- 确保领导参与
- 建立改进目标
- 让组织文化和绩效管理更符合敏捷理念

在当今的商业环境中，不敏捷的工作方式已经不再是企业的选择。实施敏捷不是为了时尚，不是为了跟上"最新和最伟大"的潮流。实施敏捷是一个生存的根本动作。没有敏捷，就难以执行任何其他战略举措，例如数字化转型。

希望我们的这些总结和反思，能给正在实施敏捷或将要实施敏捷的企业，提供有价值的参考和指导，让大家少走一些弯路，早日实现企业级敏捷。也期待大家留言分享各自的观察和思考。

---

① 请访问 Thoughtworks 洞见公众号同名文章。

参 考 文 献

1. Long-lived-branches-with-gitflow in radar: https://www.thoughtworks.com/radar/techniques/ long-lived-branches-with-gitflow

2. Gitflow in radar: https://www.thoughtworks.com/radar/techniques/gitflow

3. Feature Branching in radar: https://www.thoughtworks.com/radar/techniques/feature-branching

4. Fowler on feature branch: http://martinfowler.com/bliki/FeatureBranch.html

5. Fowler on continuous integration: http://www.martinfowler.com/articles/continuousIntegration.html

6. Paul Hammant on TBD: http://paulhammant.com/2015/12/13/trunk-based-development-when-to-branch-for-release/

7. Google's Scaled Trunk Based Development: http://paulhammant.com/2013/05/06/googles-scaled-trunk-based-development/

8. Trunk Based Development at Facebook: http://paulhammant.com/2013/03/04/facebook-tbd/

9. Fowler on feature toggle: http://martinfowler.com/bliki/FeatureToggle.html

10. Jez Humble on branch by abstraction: http://continuousdelivery.com/2011/05/make-large-scale-changes-incrementally-with-branch-by-abstraction/

11. Fowler on branch by abstraction: http://martinfowler.com/bliki/BranchByAbstraction.html

12. [美]迈克·科恩著. 敏捷估算与规划. 北京：清华大学出版社，2012

13. The Problem with Velocity in Agile Software Development, Hayim Makabee, November 11, 2015

14. Velocity is Killing Agility!, Jim Highsmith, November 02, 2011

15. [荷]尤尔根·阿佩罗著. 李忠利，任发科，徐毅译. 管理 3.0：培养和提升敏捷领导力，北京：清华大学出版社，2012

16. 任正非著. 任正非：管理的灰度. 商界评论(重庆)

17. 张曦. 期待造钟者，载河南报业网-大河报

18. 诺基亚实施敏捷软件开发的前世今生，来自 http://www.tuicool.com/articles/VJfeaq

19. 敏捷团队管理：把握介入团队的程度，来自 http://blog.csdn.net/horkychen/article/details/7723506

20. 敏捷宣言及其背后的准则，http://www.cyqdata.com/cnblogs/article-detail-101-english